西安交通大学 本科"十二五"规划教材
"985"工程三期重点建设实验系列教材

U0290736

自动控制原理实验指导

主编 景 洲 张爱民

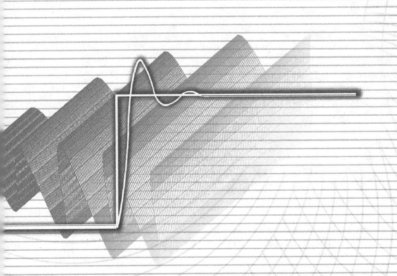

西安交通大学出版社
XI'AN JIAOTONG UNIVERSITY PRESS

内容提要

　　本书简述了自动控制原理经典控制理论的基础知识,介绍了 NI ELVIS Ⅱ多功能综合数据采集实验平台、自行设计的基于 ELVIS Ⅱ的自动控制原理实验系统,以及 LabVIEW 数据采集 API 函数,编排设计了自动控制原理基础实验和综合创新设计实验。基础实验包括了典型系统时域、频域、根轨迹分析,控制系统校正设计、电机建模与控制、模拟信号的采样与输出等实验。综合创新设计实验包括电机转速控制设计、电机位置控制设计、垂直起降控制系统设计与倒立摆控制系统设计。

　　本书是配合西安交通大学自动化专业本科生自动控制原理课程教材的基本内容和教学要求编写的,也可作为电子、信息工程、自动控制等专业学生自动控制原理实验教材和辅助参考书。

图书在版编目(CIP)数据

　　自动控制原理实验指导/景洲,张爱民主编.—西安:
西安交通大学出版社,2013.12(2020.9 重印)
　　西安交通大学本科"十二五"规划教材
　　ISBN 978 - 7 - 5605 - 5751 - 9

　　Ⅰ.自… Ⅱ.①景… ②张… Ⅲ.①自动控制理论
-实验-高等学校-教学参考资料 Ⅳ.①TP13 - 33

　　中国版本图书馆 CIP 数据核字(2013)第 232704 号

策　　划	程光旭　　成永红　　徐忠锋
书　　名	自动控制原理实验指导
主　　编	景　洲　　张爱民
责任编辑	刘雅洁
出版发行	西安交通大学出版社 (西安市兴庆南路 1 号　邮政编码 710048)
网　　址	http://www.xjtupress.com
电　　话	(029)82668357　82667874(发行中心) (029)82668315(总编办)
传　　真	(029)82668280
印　　刷	西安日报社印务中心
开　　本	727mm×960mm　1/16　　印张 6.125　　字数 105 千字
版次印次	2014 年 2 月第 1 版　　2020 年 9 月第 5 次印刷
书　　号	ISBN 978 - 7 - 5605 - 5751 - 9
定　　价	13.00 元

读者购书、书店添货,如发现印装质量问题,请与本社发行中心联系、调换。
订购热线:(029)82665248　(029)82665249
投稿热线:(029)82664954
读者信箱:jdlgy@yahoo.cn

编审委员会

Preface 序

教育部《关于全面提高高等教育质量的若干意见》（教高〔2012〕4 号）第八条"强化实践育人环节"指出，要制定加强高校实践育人工作的办法。《意见》要求高校分类制订实践教学标准；增加实践教学比重，确保各类专业实践教学必要的学分（学时）；组织编写一批优秀实验教材；重点建设一批国家级实验教学示范中心、国家大学生校外实践教育基地……这一被我们习惯称之为"质量 30 条"的文件，"实践育人"被专门列了一条，意义深远。

目前，我国正处在努力建设人才资源强国的关键时期，高等学校更需具备战略性眼光，从造就强国之才的长远观点出发，重新审视实验教学的定位。事实上，经精心设计的实验教学更适合承担起培养多学科综合素质人才的重任，为培养复合型创新人才服务。

早在 1995 年，西安交通大学就率先提出创建基础教学实验中心的构想，通过实验中心的建立和完善，将基本知识、基本技能、实验能力训练融为一炉，实现教师资源、设备资源和管理人员一体化管理，突破以课程或专业设置实验室的传统管理模式，向根据学科群组建基础实验和跨学科专业基础实验大平台的模式转变。以此为起点，学校以高素质创新人才培养为核心，相继建成 8 个国家级、6 个省级实验教学示范中心和 16 个校级实验教学中心，形成了重点学科有布局的国家、省、校三级实验教学中心体系。2012 年 7 月，学校从"985 工程"三期重点建设经费中专门划拨经费资助立项系列实验教材，并纳入到"西安交通大学本科'十二五'规划教材"系列，反映了学校对实验教学的重视。从教材的立项到建设，教师们热情相当高，经过近一年的努力，这批教材已见端倪。

我很高兴地看到这次立项教材有几个优点：一是覆盖面较宽，能确实解决实验教学中的一些问题，系列实验教材涉及全校 12 个学院和一批重要的课程；二是质量有保证,90％的教材都是在多年使用的讲义的基础上编写而成的,教材的作者大多是具有丰富教学经验的一线教师,新教材贴近教学实际;三是按西安交大《2010版本科培养方案》编写,紧密结合学校当前教学方案,符合西安交大人才培养规格和学科特色。

最后,我要向这些作者表示感谢,对他们的奉献表示敬意,并期望这些书能受到学生欢迎,同时希望作者不断改版,形成精品,为中国的高等教育做出贡献。

西安交通大学教授
国家级教学名师

2013 年 6 月 1 日

Foreword 前言

自动控制原理是自动控制技术的基础理论,研究的是自动控制的共同规律。自动控制原理按发展过程分为经典控制理论和现代控制理论。本书是为配合自动化专业自动控制原理课程教材的基本内容和教学大纲而编写的,主要讨论经典控制理论所研究的问题,以传递函数为基础,研究单输入单输出反馈控制系统。研究内容包含控制系统分析与控制系统综合设计,主要采用的控制系统分析方法为时域分析法、根轨迹法和频率法。

书中第一章介绍自动控制原理经典控制理论的基础知识,第二章介绍 NI EL-VIS Ⅱ 多功能综合数据采集等实验平台,第三、四章结合自动控原理课程的基本内容,由浅入深设计编排 7 个基础实验和 4 个综合与创新设计实验。基础实验包括了典型系统时域、频域、根轨迹分析,控制系统校正设计,电机建模与控制,模拟信号的采样与输出等实验。综合创新设计实验包括电机转速控制设计,电机位置控制设计,垂直起降控制系统设计与倒立摆控制系统设计。综合创新设计型实验强调控制理论的工程意识和工程实用性,强调培养学生综合学习能力与独立创新设计能力。

本书的特点是层次清晰、由浅入深,在 NI ELVIS Ⅱ 开放式多功能综合实验平台上开展自动控制原理实验教学,指导学生在实验平台上自行搭建模拟系统来分析验证系统特性,通过一系列项目设计完成控制系统设计实验,根据设计思想灵活构建解决方案,设计包含原理仿真、电路设计、系统辨识、控制系统设计与实现。

本书由景洲主编,张爱民规划总体内容,杜行俭、王勇、任志刚参与研究综合创新实验设计。在本书编写过程中,感谢实验中心主任葛思擘老师、实验中心张良祖老师、刘美兰老师的关心与支持。特别感谢 NI 公司校园工程师徐征在实验系统的开发、有关 ELVIS 实验的设计方面给予的全面技术支持。

编　者

2013 年 9 月

Contents 目录

第一章　基本知识

　　自动控制系统主要研究的内容就是分析和设计控制系统。控制系统的分析是指对已知系统,分析其稳态性能和瞬态性能,通过分析了解系统的特性。对控制系统的基本要求就是:稳,要求系统稳定;准,稳态误差要小;快,瞬态响应快,超调量要小,调整时间要短。对于线性系统,常用的分析方法有时域分析法、根轨迹分析法与频域分析法。而控制系统的设计是指根据不同的控制对象,按照控制要求达到期望的系统性能指标来设计系统。

　　控制系统类型有多种,按控制系统结构分类,系统可分为开环、闭环和复合控制系统;按控制系统输入信号特征分类,系统可分为恒值控制系统、随动控制系统和程序控制系统;按控制系统特性分类,系统又可分为线性和非线性系统、定常系统和时变系统、连续和离散系统。

　　闭环控制系统或称反馈控制系统是系统的被控量经测量和变换后反馈到输入端,构成信号回路的闭环结构。闭环控制系统是研究应用最多的自动控制系统结构,典型闭环控制系统由给定装置、比较元件、校正装置、放大元件、执行机构、检测元件和被控对象组成,系统方块图如图 1-1 所示。

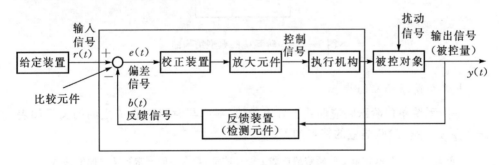

图 1-1　闭环控制系统方块图

1.1　线性系统的时域分析

　　时域分析是指控制系统在一定的输入信号作用下,根据系统输出量的时域表达式(时间响应)分析系统的瞬态与稳态性能及稳定性。

典型输入信号有：阶跃信号、脉冲信号、斜坡信号、抛物线信号、正弦信号。

瞬态性能指标中，峰值时间 t_p、上升时间 t_r 和调整时间 t_s 表示瞬态过程的快慢，是快速性指标。超调量 $\sigma\%$ 和振荡次数 N 反映系统瞬态过程振荡的激烈程度，是振荡性指标。一般超调量和调整时间是最常使用的两种瞬态性能指标。

稳态过程的主要性能指标是稳态误差。

1.1.1 典型一阶系统的瞬态性能

描述一阶系统响应过程的微分方程是：

$$T \frac{\mathrm{d}y(t)}{\mathrm{d}t} + y(t) = r(t) \tag{1-1}$$

式中：$y(t)$ 为一阶系统的输出量；$r(t)$ 为系统的输入量；T 为系统的时间常数，表示系统的惯性。

一阶系统的传递函数为：

$$\Phi(s) = \frac{Y(s)}{R(s)} = \frac{1}{Ts+1} \tag{1-2}$$

一阶系统的典型结构如图 1-2 所示：

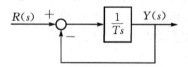

图 1-2　一阶系统的典型结构图

1. 单位阶跃响应的特点

一阶系统单位阶跃响应曲线上各点的值、斜率与时间常数 T 之间的关系如表 1-1 所示，单位阶跃响应的特点如下。

表 1-1　一阶系统单位阶跃响应曲线上各点的值、斜率与时间常数 T 之间的关系

时间 t	0	T	$2T$	$3T$	$\cdots$	∞
输出量	0	0.623	0.865	0.950	$\cdots$	1.0
斜率	$1/T$	$0.368/T$	$0.135/T$	$0.050/T$	$\cdots$	0

(1)响应曲线是单调上升的指数曲线，为非周期响应。

(2)时间常数 T 反映系统的惯性，时间常数大，表示系统的惯性大，响应速度

慢,系统跟踪单位阶跃信号慢,响应曲线上升平缓。反之,惯性小,响应快,信号跟踪快,响应曲线上升陡峭。因此,一阶系统常被称为惯性环节或非周期环节。

(3)单位阶跃响应曲线的斜率为 $y'(t)=\frac{1}{T}e^{-\frac{t}{T}}$,$t=0$ 处的斜率为 $\frac{1}{T}$,随着时间增加斜率变小。

(4)跟踪单位阶跃信号时,输出量与输入量之间的位置误差随时间减小,最后趋于零。

2. 瞬态性能指标

瞬态性能指标分别是延迟时间 t_d、上升时间 t_r 和调整时间 t_s。

(1)延迟时间 t_d 为响应达到稳态值的 50% 所需的时间,$t_d \approx 0.693T$。

(2)上升时间 $t_r \approx 2.197T$。

(3)调整时间 $t_s \approx \begin{cases} 4T, & \Delta=2 \\ 3T, & \Delta=5 \end{cases}$。

1.1.2 典型二阶系统的瞬态性能

典型二阶系统响应过程的微分方程是:

$$T^2 \frac{d^2 y(t)}{dt^2} + 2\zeta T \frac{dy(+)}{dt} + y(t) = r(t) \tag{1-3}$$

式中:$y(t)$ 为二阶系统的输出量;$r(t)$ 为二阶系统的输入量;T 为二阶系统的时间常数;ζ 为二阶系统的阻尼系数。

其传递函数为:

$$\Phi(s) = \frac{1}{T^2 s^2 + 2\zeta Ts + 1} = \frac{\omega_n^2}{s^2 + 2\zeta\omega_n s + \omega_n^2} \tag{1-4}$$

式中:ω_n 为无阻尼振荡频率或自然频率,$\omega_n = \frac{1}{T}$。

二阶系统的典型结构图如图 1-3 所示。

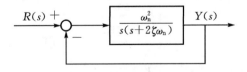

图 1-3 二阶系统的典型结构图

1.特征根与单位阶跃响应

特征方程和特征根分别为：

$$s^2 + 2\zeta\omega_n s + \omega_n^2 = 0, \quad s_{1,2} = -\zeta\omega_n \pm \omega_n\sqrt{\zeta^2 - 1} \tag{1-5}$$

单位阶跃响应为：

$$y(t) = L^{-1}\left(\frac{\omega_n^2}{s^2 + 2\zeta\omega_n s + \omega_n^2} \cdot \frac{1}{s}\right) \tag{1-6}$$

二阶系统的阻尼系数 $\zeta < 0$，为不稳定系统，不予讨论。表 1-2 列出了二阶系统在 $\zeta \geqslant 0$ 时，即无阻尼、欠阻尼、临界阻尼与过阻尼 4 种情况下的特征根与单位阶跃响应。

表 1-2　二阶系统在 $\zeta \geqslant 0$ 时的特征根与单位阶跃响应

阻尼系数	特征根在 s 平面上的分布	单位阶跃响应表达式	响应状态
无阻尼 $\zeta = 0$	虚轴上的一对共轭虚根 $s_{1,2} = \pm j\omega_n$	$y(t) = 1 - \cos\omega_n t \quad (t \geqslant 0)$	等幅周期振荡
欠阻尼 $0 < \zeta < 1$	s 左半平面上的一对共轭复根 $s_{1,2} = -\zeta\omega_n \pm j_n\sqrt{1-\zeta^2}$	$y(t) = 1 - \dfrac{e^{-\zeta\omega_n t}}{\sqrt{1-\zeta^2}} \cdot \sin(\omega_d t + \beta)$ $\omega_d = \omega_n\sqrt{1-\zeta^2}$ $\beta = \arccos\zeta$ ω_d 为阻尼振荡频率 β 为阻尼角，为共轭复根对负实轴的张角	衰减振荡
临界阻尼 $\zeta = 1$	负实轴上的一对重根 $s_{1,2} = \pm\omega_n$	$y(t) = 1 - e^{-\omega_n t(1+\omega_n t)} \quad (t \geqslant 0)$	按指数规律单调上升
过阻尼 $\zeta > 1$	负实轴上的两个互异根 $s_{1,2} = -\zeta\omega_n \pm j\omega_n\sqrt{1-\zeta^2}$	$y(t) = 1 + \dfrac{1}{T_1 - T_2}\left(-T_1 e^{-\frac{t}{T_1}} + T_2 e^{-\frac{t}{T_2}}\right)$ $(t \geqslant 0)$ $T_1 = \dfrac{1}{\omega_n(\zeta - \sqrt{\zeta^2-1})}$ $T_2 = \dfrac{1}{\omega_n(\zeta + \sqrt{\zeta^2-1})}$	单调上升

2.瞬态性能指标

二阶系统的瞬态性能指标如表 1-3 所示,确定二阶系统的瞬态性能指标基于两个条件:第一,性能指标是根据系统对单位阶跃响应给出的;第二,初始条件为零。

表 1-3 二阶系统的瞬态性能指标

瞬态性能指标 ＼ ζ	欠阻尼 $0<\zeta<1$	临界阻尼 $\zeta=1$	过阻尼 $\zeta>1$
上升时间 t_r	$t_r=\dfrac{\pi-\beta}{\omega_n\sqrt{1-\zeta^2}}$	定义为由系统稳态值的 10% 上升到 90% 所需的时间,$t_r=\dfrac{1+1.5\zeta+\zeta^2}{\omega_n}$	
峰值时间 t_p	$t_p=\dfrac{\pi}{\omega_n\sqrt{1-\zeta^2}}$	无	无
最大超调量 $\sigma\%$	$\sigma\%=e^{-\frac{\zeta\pi}{\sqrt{1-\zeta^2}}}\times100\%$ $=e^{-\pi\,ctg\beta}\times100\%$ 最大超调量只与阻尼系数 ζ 有关,或者说只与阻尼角 β 有关。等阻尼角极点构成的直线称为等超调量线或等阻尼线	无	无
调整时间 t_s	$t_s=\begin{cases}\dfrac{4}{\zeta\omega_n},&\Delta=2\\[2mm]\dfrac{3}{\zeta\omega_n}&\Delta=5\end{cases}$	$t_s\approx\begin{cases}5.84/\omega_n,\Delta=2\\4.75/\omega_n,\Delta=5\end{cases}$	由牛顿迭代法求得,如 $\zeta=1.25$ 时,$t_s\approx\begin{cases}8.4/\omega_n,\Delta=2\\6.6/\omega_n,\Delta=5\end{cases}$ $\omega_n t_s$ 与 ζ 近似为线性关系 当二阶系统两极点满足:$|-p_2|\geqslant5|-p_1|$,过阻尼系统可由距离虚轴较近的极点 $-p_1$ 的一阶系统来近似表示,$t_s\approx\begin{cases}4/p_1,\Delta=2\\3/p_1,\Delta=5\end{cases}$

瞬态性能指标 ζ	欠阻尼 $0<\zeta<1$	临界阻尼 $\zeta=1$	过阻尼 $\zeta>1$
振荡次数 N	$N=\dfrac{t_s}{t_f}$ 式中,$t_f=\dfrac{2\pi}{\omega_n\sqrt{1-\zeta^2}}$ 为阻尼振荡的周期时间	无	无

为了获得满意的系统瞬态特性,阻尼系数 ζ 选择在 0.4 到 0.8 之间为宜,较小的 ζ 使系统严重超调,较大的 ζ 使系统的响应速度缓慢。工程上常取 $\zeta=\sqrt{2}/2\approx0.707$ 为最佳阻尼系数。ζ 与 ω_n 决定了典型二阶系统瞬态过程的主要性能指标,被称为二阶系统的特征参量。

对于如图 1-4 中所示的时间常数形式的二阶系统,开环传递函数包括三个典型环节:比例、积分和一阶惯性环节。系统的闭环传递函数为:

$$\Phi(s)=\frac{K}{Ts^2+s+K}=\frac{K/T}{s^2+1/Ts+K/T} \tag{1-7}$$

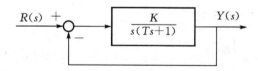

图 1-4　时间常数形式二阶系统的典型结构图

K 为开环放大系数,T 为一阶惯性的时间常数,K 和 T 称为系统的实际参数。系统的特征参量与实际系统参数之间的关系为 $\zeta=1/2\sqrt{KT}$,$\omega_n=\sqrt{K/T}$。

1.1.3　高阶系统的瞬态性能

高阶系统零极点形式的传递函数为:

$$\Phi(s) = \frac{k_\mathrm{g} \prod\limits_{i=1}^{m} (s + z_i)}{\prod\limits_{j=1}^{n_1} (s + p_j) \prod\limits_{l=1}^{n_2} (s^2 + 2\zeta_l \omega_l s + \omega_l^2)} \tag{1-8}$$

其单位阶跃响应为：

$$y(t) = L^{-1}\left[\Phi(s) \cdot \frac{1}{s} \right]$$

$$= a_0 + \sum_{j=1}^{n_1} a_j \mathrm{e}^{-p_j t} + \sum_{l=1}^{n_2} \beta_l \mathrm{e}^{-\zeta_l \omega_l t} \cos\omega_l \sqrt{1 - \zeta_l^2} t + \sum_{l=1}^{n_2} r_l \mathrm{e}^{-\zeta_l \omega_l t} \sin\omega_l \sqrt{1 - \zeta_l^2} t, \quad t \geqslant 0$$

$$\tag{1-9}$$

高阶系统的阶跃响应是由若干一阶系统与二阶系统的瞬态响应线性叠加而成，系数大且衰减慢的瞬态分量对应的极点在瞬态过程中起主要作用。若高阶系统的所有极点都具有负实部，那么随着时间的推移，上式趋向于稳态值 a_0。单位阶跃响应取决于系统零点和极点的分布。系统的零点和极点分布对系统瞬态响应的影响如下。

(1)指数项：若 p_j, ζ_l, ω_l 越大，极点越远离虚轴，极点所对应的瞬态分量衰减越快，对瞬态响应的影响越小。

(2)系数项：系数越小，对瞬态响应的影响越小。零点和极点分布为：①某极点远离原点；②某极点接近一零点，而又远离其他极点和原点。此时，瞬态分量的系数很小。

在控制工程中，通常将系数小且衰减快的瞬态响应分量略去。

(3)主导极点：离虚轴最近且周围没有零点，其他极点与虚轴的距离比该极点与虚轴的距离大 5 倍以上，该极点称为系统的主导极点。主导极点决定了高阶系统单位阶跃响应的形式和瞬态性能指标。具有主导极点的高阶系统，可以近似为以主导极点描述的一阶或二阶系统。

1.1.4　线性系统的稳定性与代数稳定性判据

一个线性控制系统能够正常工作的首要条件是必须稳定，分析系统的稳定性并提出保证系统稳定性的措施，是自动控制理论研究的基本任务之一。

如果线性系统受到扰动的作用而使被控量产生偏差，当扰动作用消失后，随着时间的推移，该偏差逐渐减小并趋向于零，即被控量趋向于原来的工作状态，则称系统稳定。

稳定性是系统本身的一种特性,取决于系统的结构与参数,而极点由系统的结构与参数决定,系统稳定性通过极点,即特征根来判定。

1. 线性系统稳定的充要条件

系统的特征根均在 s 左半平面,或者说特征根都具有负实部。

2. 劳斯(Routh)稳定性判据

线性系统稳定的充要条件是特征方程的全部系数为正值,并且由特征方程系数组成的劳斯阵列的第一列系数也为正值。

如果劳斯阵列第一列中出现小于零的系数,则系统不稳定;第一列各系数符号的改变次数,表示系统特征方程正实部根的数目。

运用劳斯判据时,可能出现以下两种特殊情况,使得劳斯阵列不能正常排列。

(1)劳斯阵列某行第一列元素为零,而该行其余元素不为零或不全为零。

解决办法:用一个无穷小的正数 ε 代替该行第一列的零元素,算出其余各项元素。

(2)劳斯阵列出现全零行。这表明特征方程存在一些大小相等而径向位置相反的根。如大小相等且符号相反的一对实根,或一对共轭虚根,或对称于虚轴的两对共轭复根。

解决办法:用全零行上一行元素构造一个辅助方程,辅助方程对 s 求导一次,形成一个新的方程,用新方程的系数代替劳斯阵列全零行系数,之后可继续排列劳斯阵列。辅助方程的次数为偶数,其根即为大小相等而符号相反的那些根。

3. 相对稳定性

对于稳定的系统,在 s 左半平面以最靠近虚轴的特征根距离虚轴的距离 σ 表示系统的相对稳定性,称系统具有 σ 的稳定裕度。分析系统的相对稳定性,还要考虑特征根虚部的大小。用特征方程的共轭复根对负实轴的最大张角 β 来表征系统的相对稳定性。$\beta = 90°$ 表示临界振荡,$\beta = 0°$ 表示非周期无振荡。β 越小,系统的相对稳定性越高。

1.1.5 稳态误差

稳态误差表示系统对典型输入信号响应的准确程度,是控制系统设计中一项重要的技术指标。控制系统设计的重要任务之一是尽量减小或消除系统的稳态误差。反馈控制系统典型方块图如图 1-5 所示。

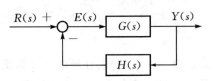

图 1-5 反馈控制系统典型方块图

1. 误差

实际控制系统的参考输入信号 $R(s)$ 与输出信号 $Y(s)$ 通常是不同量纲或不同量程的物理量,必须先转换为相同量纲或相同量程,再运算获得控制系统的误差。系统的误差分为按输入端量纲定义和按输出端量纲定义两种,后文中均采用输入端量纲定义系统的误差。

按输入端量纲定义误差:

$$e(t) = L^{-1}[E(s)] = L^{-1}\left[\frac{R(s)}{1+G(s)H(s)}\right] \tag{1-10}$$

2. 输入信号作用下的稳态误差

当时间 t 趋于无穷时,如果 $e(t)$ 的极限存在,则 $e(t)$ 的稳态分量 e_{ss} 定义为系统稳态误差。

$$e_{ss} = \lim_{t \to \infty} e(t) = \lim_{s \to 0} sE(s) = \lim_{s \to 0} \frac{sR(s)}{1+G(s)H(s)} \tag{1-11}$$

稳态误差是对系统稳态控制精度的度量,是系统的稳态指标。

由系统的类型、结构或输入信号形式产生的稳态误差称为原理性稳态误差,由摩擦、间隙、不灵敏区和零漂移等非线性因素引起的稳态误差称为附加稳态误差。

系统开环传递函数为

$$G_k(s) = G(s)H(s) = \frac{K}{s^{\nu}} \cdot \frac{\prod_{i=1}^{m_1}(\tau_i s+1)\prod_{j=1}^{m_2}(\tau_j^2 s^2 + 2\zeta_i\tau_j s+1)}{\prod_{k=1}^{n_1}(T_k s+1)\prod_{l=1}^{n_2}(T_l^2 s^2 + 2\zeta_l T_l s+1)} = \frac{K}{s^{\nu}} \cdot G_0(s)$$

$$\tag{1-12}$$

式中:K 为开环放大系数,也称为开环增益,$K = \lim_{s \to 0} s^{\nu} \cdot G(s)H(s)$;$\tau_i$、$\tau_j$、$T_k$、$T_l$ 为各典型环节的时间常数;ν 为开环传递函数中包含的积分环节个数。当 $\nu = 0, 1, 2, 3$ 时,系统分别称为 0 型、Ⅰ型、Ⅱ型、Ⅲ型系统,ν 称为系统的无差度阶数。

由参考输入信号引起的稳态误差称为系统的给定稳态误差。

$$e_{ssr} = \lim_{s \to 0} sE(s) = \lim_{s \to 0} \frac{sR(s)}{1 + G_k(s)} = \lim_{s \to 0} \frac{sR(s)}{1 + \frac{K}{s^v} \cdot G_0(s)} = \lim_{s \to 0} \frac{sR(s)}{1 + \frac{K}{s^v}}$$

$$(1-13)$$

显然 $G_0(0) = 1$，稳态误差与输入信号、开环增益和系统型别有关。

静态误差系数有 3 种，分别为：静态位置误差系数 $K_p = \lim_{s \to 0} G_k(s)$，静态速度误差系数 $K_v = \lim_{s \to 0} sG_k(s)$ 和静态加速度误差系数 $K_a = \lim_{s \to 0} s^2 G_k(s)$。

以阶跃信号 $R(s) = A/s$（位置阶跃）、斜坡信号 $R(s) = B/s^2$（速度阶跃）、抛物线信号 $R(s) = C/s^3$（加速度阶跃）3 种典型输入作用下时，可利用静态误差系数来求系统的稳态误差。典型输入下的稳态误差如表 1-4 所示。

表 1-4　典型输入下的稳态误差

| 系统型别 | 静态误差系数 | | | 位置阶跃 A | 速度阶跃 Bt | 加速度阶跃 $\frac{1}{2}Ct^2$ |
	K_p	K_v	K_a	$e_{ssr} = \dfrac{A}{1+K_p}$	$e_{ssr} = \dfrac{B}{K_v}$	$e_{ssr} = \dfrac{C}{K_a}$
0 型	K	0	0	$\dfrac{A}{1+K}$	∞	∞
I 型	∞	K	0	0	$\dfrac{B}{K}$	∞
II 型	∞	∞	K	0	0	$\dfrac{C}{K}$

3. 扰动作用下的稳态误差

控制系统扰动作用下的稳态误差值，反映了系统的抗干扰能力。由扰动作用产生的稳态误差称为系统的扰动误差。有扰动作用的控制系统如图 1-6 所示。

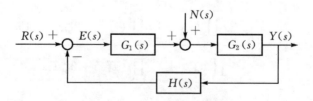

图 1-6　有扰动作用的控制系统

考虑扰动信号 $N(s)$ 时，可令输入信号 $R(s) = 0$。

$$E_n(s) = -Y(s)H(s) = -\frac{H(s)G_2(s)N(s)}{1+G_1(s)_2G(s)H(s)} \qquad (1-14)$$

应用终值定理可求得扰动信号作用下的稳态误差为

$$e_{ssn} = \lim_{s\to 0}E_n(s) = -\lim_{s\to 0}\frac{H(s)G_2(s)}{1+G_1(s)G_2(s)H(s)}N(s) \qquad (1-15)$$

由于扰动点不同或扰动前向通道不同,其扰动误差是不同的。若在扰动作用点与误差点之间增加一个积分环节,可减小或消除扰动误差。在扰动作用点之前环节的放大系数越大,系统的扰动误差越小。

根据线性定常系统的叠加原理,系统总的稳态误差为:$e_{ss} = e_{ssr} + e_{ssn}$。

4. 减小或消除稳态误差的措施

增大系统开环系数或增加串联在前向通道中的积分环节的个数,可减小给定误差;增加在扰动作用点之前的前向通道的放大系数与积分个数,可减小扰动误差。但放大系数增大,会引起系统稳定性下降。积分环节一般少于2个,否则系统会不稳定。

工程上减小或消除稳态误差的主要措施如下。

(1)比例积分控制,是将比例积分控制器串联在系统前向通道上,可减小系统给定误差和扰动误差,是工程上最常用的方法。比例积分控制系统方块图如图1-7所示。

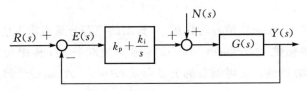

图1-7　比例积分控制系统方块图

(2)复合控制,是一种基于不变性原理的控制方式,分为按输入作用补偿和按扰动作用补偿两种,分别称为输入前馈控制和扰动前馈控制,其系统方块图如图1-8与图1-9所示,图中,$G_R(s)$为输入前馈控制器,$G_N(s)$为扰动前馈控制器。

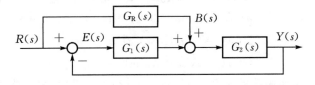

图1-8　输入前馈控制系统方块图

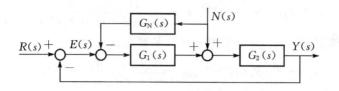

图 1-9　扰动前馈控制系统方块图

1.2　线性系统的频域分析

通过正弦输入作用下的系统稳态响应来分析系统性能的方法,称为频域分析法。

特点是:(1)可以通过实验测量获得系统的频率特性,但不稳定的系统,无法用实验方法测量获得;(2)频率特性可以用图形来表示,无需求解系统的微分方程,直接根据频率特性曲线分析系统性能。

1.2.1　频率特性

线性定常系统,在正弦信号的作用下,输出的稳态分量与输入信号是同频率的正弦函数,其幅值之比 $A(\omega)=|G(j\omega)|$ 称为幅频特性;其相位之差 $\varphi(\omega)=\angle G(j\omega)$ 称为相频特性。二者结合的矢量形式 $G(j\omega)=A(\omega)\mathrm{e}^{j\varphi(\omega)}$ 称为系统的频率特性。

频率特性的复数形式为 $G(j\omega)=P(\omega)+jQ(\omega)$,$P(\omega)$ 和 $Q(\omega)$ 分别称为系统的实频特性和虚频特性。

幅频特性、相频特性和实频特性、虚频特性之间具有下列关系:

$$A(\omega)=\sqrt{P^2(\omega)+Q^2(\omega)} \tag{1-16}$$

$$\varphi(\omega)=\arctan(Q(\omega)/P(\omega)) \tag{1-17}$$

$$P(\omega)=A(\omega)\cos\varphi(\omega) \tag{1-18}$$

$$Q(\omega)=A(\omega)\sin\varphi(\omega) \tag{1-19}$$

频率特性与传递函数的关系为 $G(j\omega)=G(s)\big|_{s=j\omega}$,频率响应法和利用传递函数的时域法在数学上是等价的。典型环节频率特性见表 1-5。

典型环节	频率特性
比例环节：$G(j\omega)=K$	$A(\omega)=K,\varphi(\omega)=0°,$ $P(\omega)=K,Q(\omega)=0$
积分环节：$G(j\omega)=\dfrac{K}{j\omega}=-j\dfrac{K}{\omega}$	$A(\omega)=\dfrac{K}{\omega},\varphi(\omega)=-90°,$ $P(\omega)=0,Q(\omega)=-\dfrac{K}{\omega}$
惯性环节：$G(j\omega)=\dfrac{K}{1+jT\omega}$	$A(\omega)=\dfrac{K}{\sqrt{1+(T\omega)^2}},\varphi(\omega)=-\arctan T\omega$ $P(\omega)=\dfrac{K}{1+(T\omega)^2},Q(\omega)=\dfrac{-KT\omega}{1+(T\omega)^2}$
振荡环节： $G(j\omega)=\dfrac{1}{(1-T^2\omega^2)+j2\zeta T\omega}$ $(0<\zeta<1)$	$A(\omega)=\dfrac{1}{\sqrt{(1-T^2\omega^2)^2+(2\zeta T\omega)^2}},$ $\varphi(\omega)=-\arctan\dfrac{2\zeta T\omega}{1-T^2\omega^2},$ $P(\omega)=\dfrac{1-T^2\omega^2}{(1-T^2\omega^2)^2+(2\zeta T\omega)^2},$ $Q(\omega)=\dfrac{-2\zeta T\omega}{(1-T^2\omega^2)^2+(2\zeta T\omega)^2}$
微分环节：$G(j\omega)=jK\omega$	$A(\omega)=K\omega,\varphi(\omega)=90°,$ $P(\omega)=0,Q(\omega)=K\omega$
一阶微分环节：$G(j\omega)=K(1+jT\omega)$	$A(\omega)=K\sqrt{1+(T\omega)^2},\varphi(\omega)=\arctan T\omega,$ $P(\omega)=K,Q(\omega)=KT\omega$
二阶微分环节： $G(j\omega)=(1-T^2\omega^2)+j2\zeta T\omega$ $(0<\zeta<1)$	$A(\omega)=\sqrt{(1-T^2\omega^2)^2+(2\zeta T\omega)^2},$ $\varphi(\omega)=\arctan\dfrac{2\zeta T\omega}{1-T^2\omega^2},$ $P(\omega)=(1-T^2\omega^2),Q(\omega)=2\zeta T\omega$
延迟环节：$G(j\omega)=e^{-j\tau\omega}$	$A(\omega)=1,\varphi(\omega)=-\tau\omega$

1.2.2　最小相位系统与非最小相位系统

最小相位系统指在右半 s 平面上既无极点也无零点,同时无纯滞后环节的系统。反之,在右半 s 平面上具有极点或零点,或有纯滞后环节的系统为非最小相位系统。

典型的非最小相位系统有 6 种:

(1)比例环节 K　（$K<0$）;

(2)惯性环节 $\dfrac{1}{1-Ts}$　（$T>0$）;

(3)一阶微分环节 $1-Ts$　（$T>0$）;

(4)振荡环节 $\dfrac{1}{1-2\zeta Ts+T^2 s^2}$　（$T>0$，　$0<\zeta<1$）;

(5)二阶微分环节 $1-2\zeta Ts+T^2 s^2$　（$T>0$，　$0<\zeta<1$）;

(6)延迟环节 $e^{-\tau s}$。

最小相位系统,对数频率特性的变化趋势和相频特性的变化趋势是一致的,即幅频特性的斜率增加或者减小,相频特性的角度也随之增加或者减小。对数幅频特性可唯一地确定其相频特性,反之亦然。因此,可只根据幅频特性或相频特性对系统性能进行分析。非最小相位系统则不然,必须同时考虑幅频特性与相频特性进行系统性能分析。

1.2.3　对数频率特性曲线(伯德图)

对数频率特性曲线(伯德图),横坐标为 ω,但按常用对数 $\lg\omega$ 分度,使得高频部段横坐标压缩,而低频段相对展开,图示的频率范围大。对数相频特性的纵坐标表示 $\varphi(\omega)$,单位为度(°);而对数幅频特性的纵坐标为 $L(\omega)=20\lg A(\omega)$,单位为 dB。$\varphi(\omega)$ 和 $L(\omega)$ 都是线性分度。对数频率特性将传递函数中典型环节的乘积关系变为了对数坐标图上的加减运算。

1.绘制系统对数幅频特性曲线

首先确定低频渐近线的斜率和位置,然后确定各个转折频率和转折后线段的斜率,由低频到高频依次绘出,步骤如下:

(1)把 $G(s)$ 化成时间常数形式

$$G(s) = \frac{K \prod_{i=1}^{m_1}(1+\tau_i s)\prod_{k=1}^{m_2}(1+2\zeta_k\tau_k s + \tau_k^2 s^2)\mathrm{e}^{-T_\mathrm{d}s}}{s^\nu \prod_{j=1}^{n_1}(1+T_j s)\prod_{l=1}^{n_2}(1+2\zeta_l T_l s + T_l^2 s^2)} \qquad (1-20)$$

(2)求出 $20\lg K$。

(3)求出各基本环节的转折频率,并按转折频率排序。

(4)确定低频渐近线,其斜率为 $-\nu\times20$ dB/dec,该渐近线或其延长线(当 $\omega<1$ 的频率范围内有转折频率时)穿过点($\omega=1,L(\omega)=20\lg K$)。

(5)低频渐近线向右延伸,依次在各转折频率处改变直线的斜率,其改变的量取决于该转折频率所对应的环节类型,如惯性环节为 -20 dB/dec,振荡环节为 -40 dB/dec,一阶微分环节为 -20 dB/dec 等。这样就能得到近似对数幅频特性。

(6)如果需要可对上述折线形式的渐近线作必要的修正(主要在各转折频率附近),以得到较准确的曲线。

2.绘制系统对数相频特性曲线

首先画出各典型环节的对数相频特性,然后将各段频率特性曲线进行相位叠加。

1.2.4　极坐标图

极坐标图又称奈奎斯特(Nyquist)图或幅相频率特性。它是以 ω 为参变量,当 ω 从 0 变化到 ∞,复平面上的矢量 $G(\mathrm{j}\omega)=A(\omega)\mathrm{e}^{\mathrm{j}\varphi(\omega)}$ 端点轨迹的几何图形。$G(\mathrm{j}\omega)$ 与 $G(-\mathrm{j}\omega)$ 对称于复平面的实轴,故一般只画 $\omega\in(0,+\infty)$ 所对应的部分。步骤如下:

(1)写出幅频特性与相频特性,实频特性与虚频特性。

(2)利用幅频特性、相频特性求出 $\omega=0$ 和 $\omega=\infty$ 时的相角和幅值,确定极坐标图的起点和终点。

对于最小相位系统,当 $\omega\to0$,$G(\mathrm{j}\omega)=\dfrac{K}{(\mathrm{j}\omega)^\nu}$。其幅频、相频特性为 $A(\omega)=\dfrac{K}{\omega^\nu}$,$\varphi(\omega)=-\nu\dfrac{\pi}{2}$,与系统的型别有关。极坐标图的形状与增益无关,增益可以放大或缩小极坐标图。

当 $\omega\to\infty$,由于物理系统总是有惯性并且能量有限,极坐标图的终点均收敛于坐标原点 $\lim\limits_{\omega\to\infty}A(\omega)=0$,趋于原点的方向由相频特性决定,$\lim\limits_{\omega\to\infty}\varphi(\omega)=-(n-m)\dfrac{\pi}{2}$,

其中 $n>m$，$n=\nu+n_1+2n_2$，$m=m_1+m_2$。

(3)利用实频特性、虚频特性求出与实轴和虚轴的交点及对应的 ω。

(4)根据以上信息,按照频率从小到大的顺序即可概略绘出极坐标图。

1.2.5 频域稳定判据

1.奈奎斯特稳定判据

设系统开环传递函数在 s 右半复平面的极点数为 P,则闭环系统稳定的充分必要条件为:开环极坐标图及其镜像当 ω 从 $-\infty$ 变化到 $+\infty$ 时,将以逆时针方向包围 $(-1,j0)$ 点 P 圈。

若 P 为 0,开环系统稳定,则闭环系统稳定的充分必要条件为:开环极坐标图及其镜像将不包围 $(-1,j0)$ 点。

若闭环系统不稳定,则在 s 右半平面的闭环极点数 $Z=P+N$,N 为开环极坐标图及其镜像以顺时针方向包围 $(-1,j0)$ 点的圈数。

2.对数频域稳定判据

首先,开环系统的极坐标图与对数坐标图有如下对应关系:

(1)极坐标图上的单位圆对应于幅频特性图上的 0 dB 线;

(2)极坐标图上的负实轴对应于相频特性图上的 $-\pi$ 相位线。

设系统开环传递函数在 s 右半平面的极点数为 P,则闭环系统稳定的充分必要条件为:在对数幅频特性曲线为正$(L(\omega)>0)$的频段内,当频率 ω 增加时对数相频特性曲线 $\varphi(\omega)$ 穿越 $-\pi$ 相位线的正、负穿越次数差为 $P/2$。

对于不稳定的闭环系统,在 s 右半平面的闭环极点数 $Z=P+2N'$,N' 为负穿越数减正穿越数。

其中,对数幅频特性 $L(\omega)>0$ 的范围内,当 ω 增加时,相频特性曲线从下向上穿越 $-\pi$ 相位线称为正穿越,从上向下穿越 $-\pi$ 相位线称为负穿越。

1.2.6 频域性能指标

1.开环频率特性性能指标

(1)幅值稳定裕度

系统开环相频特性为 $-180°$ 时,系统开环频率特性幅值的倒数定义为幅值稳定裕度,即 $K_g=\dfrac{1}{A(\omega_g)}$。$\omega_g$ 称为相角穿越频率,满足 $\varphi(\omega_g)=-180°$。实际中常用

对数幅值稳定裕度 $L_g = -20\lg A(\omega_g)$。

(2)相角稳定裕度

系统开环频率特性的幅值为 1 时,系统开环频率特性的相角与 $180°$ 之和定义为相角稳定裕度 $\gamma = 180° + \varphi(\omega_c)$,$\omega_c$ 称为系统截止频率或幅值穿越频率,ω_c 满足 $A(\omega_c) = 1$。

系统开环对数幅频特性曲线分为三频段:低频段、中频段和高频段。

低频段为第一个转折频率之前的频段,其特性由积分和开环增益决定,反映系统的稳态精度。中频段为截止频率 ω_c 附近的频段,其特性反映系统的稳定性与瞬态性能。高频段为频率大于 $10\omega_c$ 的频段,其特性反映系统对高频干扰的抑制能力。

2.闭环频率特性性能指标

(1)谐振峰值 M_P,系统闭环频率特性幅值 $|M(j\omega)|$ 的最大值,对应的频率称为谐振频率 ω_P。

(2)带宽频率 ω_b,设 $M(j\omega)$ 为系统的闭环频率特性,当幅频特性 $|M(j\omega)|$ 下降到 $\frac{\sqrt{2}}{2}|M(0)|$ 时,对应的频率 ω_b 称为带宽频率。

频率范围 $\omega \in [0,\ \ \omega_b]$ 称为系统带宽。

3.系统频域指标的计算

典型二阶系统频域指标可解析计算,高阶系统频域指标一般由频率特性曲线确定。

(1)典型二阶系统开环传递函数为:

$$G(s) = \frac{\omega_n^2}{s(s + 2\zeta\omega_n)}, \quad 0 < \zeta < 1 \tag{1-21}$$

截止频率:$\omega_c = \omega_n \sqrt{\sqrt{4\zeta^4 + 1} - 2\zeta^2}$

相角裕度:$\gamma = \mathrm{arctg}\dfrac{2\zeta}{\sqrt{\sqrt{1 + 4\zeta^4} - 2\zeta^2}}$

带宽频率:$\omega_b = \omega_n \sqrt{1 - 2\zeta^2 + \sqrt{2 - 4\zeta^4 + 4\zeta^4}}$

谐振频率:$\omega_P = \omega_n \sqrt{1 - 2\zeta^2}, \quad 0 < \zeta < 0.707$

谐振峰值:$M_P = \dfrac{1}{2\zeta\sqrt{1 - \zeta^2}}, \quad 0 < \zeta < 0.707$

典型二阶系统的幅值裕度 h 为无穷大。

(2)高阶系统由图解法近似确定 γ 和 h。若系统存在一对欠阻尼主导极点时，也可用典型二阶系统的解析式近似计算。谐振峰值 M_P 的确定，工程上常采用下述经验公式：$M_P \approx \dfrac{1}{\sin\gamma}$，高阶系统通常采用的经验公式为：

$$\sigma\% = 0.16 + 0.4(M_P - 1), 1 \leqslant M_P \leqslant 1.8 \tag{1-22}$$

$$t_s = \frac{K_0 \pi}{\omega_c} \tag{1-23}$$

其中，$K_0 = 2 + 1.5(M_P - 1) + 2.5(M_P - 1)^2, 1 \leqslant M_P \leqslant 1.8$。

这里要说明的是，对于高阶系统若要求频率特性性能指标的准确值，可能要用到牛顿迭代法。牛顿迭代法是用于代数方程或超越方程求根数值算法。设 $f(x) = 0$，其牛顿迭代式为 $x_{k+1} = x_k - \dfrac{f(x_k)}{f'(x_k)}$。

1.2.7 频率特性的测量方法

1.控制系统的频率特性

对于线性定常系统，在其输入端加入一个角频率为 ω、幅值为 X_m、初始相角为零的正弦信号 $x(t) = X_m \sin(\omega t)$ 时，其稳定输出是一个与输入量频率相同、幅值和相位不同且随输入信号频率变化而变化的正弦信号，它的表达式为：$y(t) = Y_m \sin(\omega t + \varphi)$。

当频率 ω 不断变化时，系统稳态输出量与输入量的幅值比和相位差就可用系统的频率特性表示。

幅频特性：$A(\omega) = |G(j\omega)| = \dfrac{Y_m}{X_m}$；

相频特性：$\varphi(\omega) = \angle G(j\omega)$。

2.李萨育图形法

根据前面的频率特性表达式可知，当输入正弦信号频率变化时，被测系统输出量和输入量的幅值比与相位差都随频率变化。所以，系统的幅频特性，可通过测试输出电压和输入电压，求两者之比获得。

系统的输出与输入之间的相位差可用李萨育图形法测量。将被测系统的输入信号和输出信号分别接到慢扫描示波器的 X 轴和 Y 轴，在示波器上显示出的波形则为两正交的简谐运动的合成运动光点的轨迹，这个图形就称为李萨育图形。

若以 $x(t)$ 为横轴，$y(t)$ 为纵轴，而以 ω 为参变量，随着 ωt 的变化，$x(t)$ 与 $y(t)$ 所确定的点的轨迹，将在 $x-y$ 平面上描绘出李萨育图形，如图 1-10 所示。

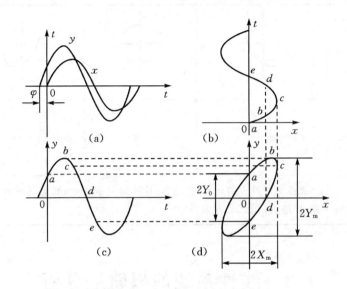

图 1-10　李萨育图形

当 $\omega t=0$ 时，有 $x(0)=0$，$y(0)=Y_m\sin(\varphi)$。则椭圆长轴在第一、三象限时，相位差为 $\varphi=\arcsin(Y_0/Y_m)$，在 $0°\sim90°$ 之间；$\varphi=90°$ 时，$Y_0=Y_m$ 长短轴分别与 X 轴和 Y 轴重合，如改变 Y 轴或 X 轴的放大倍数，可以得到一正圆形；而当椭圆长轴在第二、四象限时，相位差为 $\varphi=180°-\arcsin(Y_0/Y_m)$，在 $90°\sim180°$ 之间。

一般情况下，若控制系统的输出相角滞后，光标旋转方向为逆时针，计算的结果取负号；若输出相角超前，则光标旋转方向为顺时针，计算结果取正号。实际的控制系统一般为相位滞后系统，即频率特性的相频是负的角度。李萨育图形变化表如表 1-6 所示。

李萨育图形对仪器要求不高，但所得的精度较低，特别是在频率较高时，光标运动方向不易看出，这时只能按测试的数据连续性和对测试系统（或环节）的初步了解来估算其符号。用这种方法测量相位产生的误差有：读数误差、示波器系统电路的非线性误差、示波器固有相位差、被测信号的高次谐波等。

表 1-6 李萨育图形变化表

相角范围	0°~90°	90°	90°~180°
图形			
计算公式	$\varphi = \arcsin \dfrac{2Y_0}{2Y_m}$	$\varphi = 90°$	$\varphi = 180° - \arcsin \dfrac{2Y_0}{2Y_m}$
相角超前与滞后的判断	光点顺时针方向运动，Y 超前，计算结果取正号；光点逆时针方向运动，Y 滞后，计算结果取负号		

1.3 线性系统的根轨迹分析

1.3.1 根轨迹

根轨迹法是一种在复平面上由开环系统零、极点来确定闭环系统特征根变化轨迹的图解分析方法。利用根轨迹法可以分析系统的性能，确定系统应有的结构与参数，进行系统的校正。

1. 根轨迹增益

开环传递函数以零、极点形式表示为：$G_k(s) = \dfrac{K_g \displaystyle\prod_{i=1}^{m}(s+z_i)}{\displaystyle\prod_{j=1}^{n}(s+p_j)}$，其中 K_g 称为系统的根轨迹增益。

K_g 与开环增益 K 的关系是：$K = K_g \dfrac{\displaystyle\prod_{i=1}^{m}z_i}{\displaystyle\prod_{j=1}^{n}p_j}$（$p_j$ 不计零值极点；$m=0$ 时，$\displaystyle\prod_{i=1}^{m}z_i$ 取 1 计算）。

2. 根轨迹方程

由闭环系统特征方程 $1+G_K(s)=0$,得系统的根轨迹方程为:

$$\frac{K_g\prod\limits_{i=1}^{m}(s+z_i)}{\prod\limits_{j=1}^{n}(s+p_j)}=-1$$

当 $K_g \geqslant 0$ 时,根轨迹满足:

幅值条件: $\dfrac{K_g\prod\limits_{i=1}^{m}|(s+z_i)|}{\prod\limits_{j=1}^{n}|(s+p_j)|}=1$

相角条件:

$$\sum_{i=1}^{m}\angle(s+z_i)-\sum_{j=1}^{n}\angle(s+p_j)=\pm 180°(2k+1)\quad(k=0,1,2,\cdots)$$

复平面上满足该相角条件的根轨迹称为 180° 等相角根轨迹。

1.3.2 根轨迹绘制基本法则

1. 根轨迹的连续性、对称性和分支数

根轨迹具有连续性,并且对称于实轴,其分支数等于开环极点数 n。

2. 根轨迹的起点 ($K_g=0$) 和终点 ($K_g\rightarrow\infty$)

n 条根轨迹起始于开环极点,m 条根轨迹终止于开环零点,$n-m$ 条根轨迹终止于无穷远处。

3. 实轴上的根轨迹

实轴上具有根轨迹的区间,其右侧实轴上开环系统的零点数与极点数的总和必为奇数。

4. 根轨迹的渐近线

如果 $n>m$,则有 $n-m$ 条渐近线与实轴的交点为 $(-\sigma_a,\ 0)$,$\sigma_a=\dfrac{\sum\limits_{j=1}^{n}P_j-\sum\limits_{i=1}^{m}z_i}{n-m}$。夹角为 $\varphi_a=\dfrac{(2k+1)\pi}{n-m}$ $(k=0,1,\cdots,n-m-1)$。

5. 根轨迹的分离点与会合点

若实轴上两相邻开环极点之间有根轨迹,则该两极点之间必有分离点;若实轴上两相邻开环零点(一个可为无穷远零点)之间有根轨迹,则该两零点之间必有会合点。分离点或会合点上根轨迹的切线与实轴的夹角称为分离角。

分离角 φ_d 与分离点处根轨迹的支数 l 的关系为:

$$\varphi_d = \frac{(2k+1)\pi}{l}, k = 0, 1, 2, \cdots, l-1 \tag{1-24}$$

6.根轨迹的出射角和入射角

根轨迹离开复数极点的出发角为出射角,开环复数极点 p_i 处根轨迹的出射角为:

$$\varphi_{p_i} = \pm 180°(2k+1) + \sum_{q=1}^{m} \angle(p_i - z_q) - \sum_{n} \angle(p_i - p_j) \quad (k = 0, 1, 2, \cdots) \tag{1-25}$$

根轨迹趋于复数零点的终止角为入射角,开环复数零点 z_i 处根轨迹的入射角为:

$$\varphi_{z_i} = \pm 180°(2k+1) - \sum_{m} \angle(z_i - z_q) + \sum_{j=1}^{n} \angle(z_i - p_j) \quad (k = 0, 1, 2, \cdots) \tag{1-26}$$

7.根轨迹与虚轴的交点

根轨迹可能与虚轴相交,交点坐标 ω 和相应的 K_g 可由劳斯判据求得,即在劳斯表中,令 s^1 行等于零,并用 s^2 行的系数构成辅助方程,求得共轭虚根与根轨迹增益。或特征方程中令 $s = j\omega$,使特征方程的实部和虚部分别为零求得。

8.闭环极点之和与闭环极点之积

当 $n \geq m+2$,闭环系统极点之和等于开环系统极点之和,且为常数,即

$$\sum_{j=1}^{n} s_j = \sum_{j=1}^{n} p_j。$$

闭环极点之积与开环零、极点的关系为: $\prod_{j=1}^{n} s_j = \prod_{j=1}^{n} p_j + K_g \prod_{i=1}^{m} z_i。$

1.3.3 基于根轨迹法的系统性能分析

1.增加开环零、极点对根轨迹的影响

(1)增加开环零点,减少渐近线的条数,改变渐近线的倾角,使根轨迹向左移动或弯曲;增大系统的阻尼,缩短系统瞬态过程时间,超调量减小,增强系统的相对稳

定性。

(2)增加开环极点,增加了系统的阶数,增加了渐近线的条数,改变渐近线的倾角,使根轨迹向右移动或弯曲,系统的相对稳定性降低;系统瞬态过程时间增加,超调量与振荡程度由系统的主导极点决定。

对于稳定的系统,闭环主导极点越远离虚轴,即闭环主导极点的实部绝对值越大,系统的调整时间越短。闭环主导极点的虚部绝对值越大,系统超调量增大,系统振荡次数增多,系统的调整时间增加。通过选择合适的 K_g 值,配制出合理的闭环主导极点,以获得满意的性能指标。

2. 增加开环偶极子对根轨迹的影响

如果系统引入一对相距很近的开环零、极点(实数或复数),且它们之间的距离比它们的模值小一个数量级时,则这对开环零、极点称为开环偶极子。

(1)当系统中引入一对远离坐标原点的开环偶极子,将不影响远处的根轨迹形状及开环增益系数,对系统性能的影响可以忽略。

(2)当系统中引入接近坐标原点的偶极子时,将影响系统的稳态性能。

开环传递函数 $G_k(s) = \dfrac{K_g \prod\limits_{i=1}^{m}(s+z_i)}{s^\nu \prod\limits_{j=v+1}^{n}(s+p_j)}$,那么,在系统中引入一对接近坐标原

点的偶极子 $-z_c$ 和 $-p_c$,则系统的开环增益 $K = K_g \dfrac{\prod\limits_{i=1}^{m} z_i}{\prod\limits_{j=v+1}^{n} p_j} \cdot \dfrac{z_c}{p_c}$。若取 $z_c = 10 p_c$,

则开环增益可以提高 10 倍,稳态误差可以减小到十分之一。

3. 利用根轨迹分析系统性能

(1)利用根轨迹估算系统性能

对于二阶系统 $G_k(s) = \dfrac{\omega_n^2}{s(s+2\zeta\omega_n)}$,在 $0 < \zeta < 1$ 下,系统的闭环极点为: $s_{1,2} = -\zeta\omega_n + j\omega_n \sqrt{1-\zeta^2}$。闭环极点与负实轴构成的阻尼角 β 满足: $\beta = \arccos\zeta$,构成阻尼角的斜线为等阻尼线。σ 为闭环极点实部的大小。二阶系统主要瞬态性能指标与闭环极点位置有如下关系:

$$\delta\% = e^{-\frac{\pi\zeta}{\sqrt{1+\zeta^2}}} \times 100\% = e^{-\pi\cot\beta} \times 100\% \qquad (1-27)$$

$$t_s = \frac{3}{\zeta\omega_n} = \frac{3}{\sigma} \qquad (1-28)$$

可见,闭环极点的阻尼角 β 越大,系统的阻尼系数越小,系统的超调量越大。闭环极点离虚轴的距离越大,系统的调节时间越小。闭环极点分布和阻尼角 β 的关系如图 1-11 所示。

(2)利用根轨迹确定系统的有关参数

对于条件稳定系统,利用根轨迹可确定使系统稳定的根轨迹增益 K_g 取值范围。通过适当调整系统参数或在系统中增加合适的校正网络,消除条件稳定性问题。

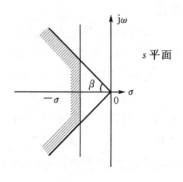

图 1-11 闭环极点分布和阻尼角 β

对于二阶系统(或具有闭环主导共轭复数极点的高阶系统),可在复平面上绘出满足瞬态性能指标的闭环极点(或高阶系统主导极点)应在的区域,并利用性能指标与阻尼角和负实部的关系式来确定相应的开环系统参数。

1.4 控制系统的校正

控制系统的校正,就是在系统中引入附加环节,依靠附加环节的参数配置和系统增益的调整改善系统的控制性能,达到要求的指标。

按照校正装置在控制系统中的不同位置,系统的校正分为串联校正、并联校正、前馈校正。串联校正是将校正装置串接在前向通道中,位于误差测量点与放大器之间,如图 1-12 所示。并联校正是将校正装置设置在内反馈回路中,又称为反馈校正,如图 1-13 所示。前馈校正是将校正装置设置在输入与主反馈作用点之间的前向通道上,分为对输入的前馈校正和对扰动的前馈校正,如图 1-14 和图 1-15 所示。

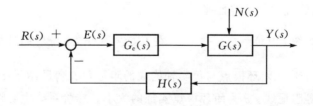

图 1-12 串联校正

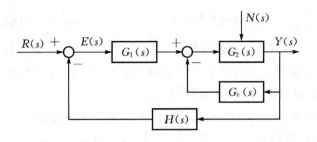

图 1-13 并联(反馈)校正

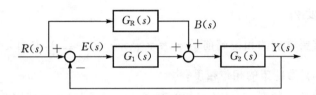

图 1-14 对输入的前馈校正

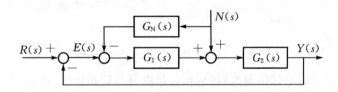

图 1-15 对扰动的前馈校正

1.4.1 超前校正

1. 基于伯德图的相位超前校正

超前校正装置的传递函数为：$G_c(s) = \dfrac{\alpha Ts + 1}{Ts + 1} = \alpha\, \dfrac{s + \dfrac{1}{\alpha T}}{s + \dfrac{1}{T}}$，$T$ 为时间常数，α 为衰减因子，$\alpha > 1$。超前网络的零点在极点的右侧，更靠近原点，两者的距离由 α 决定。最大超前频率 $\omega_m = \dfrac{1}{T\sqrt{\alpha}}$，最大超前相位 φ_m 位于频率 $\dfrac{1}{\alpha T}$ 与 $\dfrac{1}{T}$ 的几何中心位置

上，$\varphi_m = \arcsin\dfrac{\alpha-1}{\alpha+1}$，$\omega_m$ 处的对数幅频值为 $L(\omega_m) = 10\lg\alpha$。可见，超前网络的最大超前相位 φ_m 与其相对应的对数幅频值 $L(\omega_m)$ 只与衰减因子 α 有关，α 越大，超前网络的微分效应越强。受物理结构的限制，通常 α 取 20 左右（最大超前角约为 65°）。超前网络相当于一个高通滤波器。

超前校正的主要作用是产生超前相角，补偿系统固有部分在幅值穿越频率 ω_c 附近的相角滞后，以提高系统的相角稳定裕度，改善系统的动态性能。设计步骤如下：

(1) 求出满足稳态误差系数的开环增益 K，绘制校正前系统的伯德图，求出校正前的相位裕度 γ；

(2) 确定需要增加的相位超前量 $\varphi_m = \gamma' - \gamma + (5° \sim 12°)$，并由 $\alpha = \dfrac{1+\sin\varphi_m}{1-\sin\varphi_m}$ 确定衰减因子 α，γ' 为期望的相位裕度；

(3) 由最大超前频率 ω_m 处的对数幅频值 $L(\omega_m) = 10\lg\alpha$ 来确定 ω_m，并将 ω_m 作为校正后系统的幅值穿越频率 ω'_c；

(4) 通过 $T = \dfrac{1}{\omega_m\sqrt{\alpha}}$ 确定超前校正网络的时间常数 T，确定超前网络 $G_c(s) = \dfrac{\alpha Ts+1}{Ts+1}$；

(5) 绘制校正后系统伯德图，验证相位裕度等性能指标是否满足要求。如需要可重新选择增加的相位超前量 φ_m，重复上述步骤。

2. 基于根轨迹的相位超前校正

超前网络的传递函数为 $G_c(s) = \dfrac{s+z}{s+p}$，$|z| < |p|$，零点位于极点的右侧。设计超前网络时，应根据期望的性能指标确定系统闭环主导极点，通过选择超前网络的零、极点改变根轨迹的形状，使期望的闭环主导极点位于校正后的根轨迹上。设计步骤如下：

(1) 根据性能指标的要求确定出期望的系统闭环主导极点，绘制出校正前的系统根轨迹，观察闭环极点是否在根轨迹上；

(2) 在期望的闭环主导极点下方或头两个实极点的左侧的实轴上增加一个超前网络的零点，并根据 180° 根轨迹相角条件，确定实轴上超前网络的极点位置；

(3) 计算期望的闭环主导极点处的系统开环增益，确定稳态误差系数。若稳态误差系数不满足要求，重新选择超前网络零点与极点位置，达到校正目标。

1.4.2 滞后校正

1.基于伯德图的相位滞后校正

滞后校正装置的传递函数为：$G_c(s) = \dfrac{\alpha Ts+1}{Ts+1} = \alpha\,\dfrac{s+\dfrac{1}{\alpha T}}{s+\dfrac{1}{T}}$，$\alpha < 1$。滞后网络的极

点在零点的右侧，更靠近原点。滞后网络在频率 $\dfrac{1}{T}$ 与 $\dfrac{1}{\alpha T}$ 之间呈积分效应，对数相

频特性呈滞后特性。最大滞后相位 φ_m 位于频率 $\dfrac{1}{T}$ 与 $\dfrac{1}{\alpha T}$ 的几何中心处的最大滞后

频率 ω_m 上，$\omega_m = \dfrac{1}{T\sqrt{\alpha}}$，$\varphi_m = \arcsin\dfrac{1-\alpha}{1+\alpha}$。$\omega_m$ 处的对数幅频值为 $L(\omega_m) = 10\lg\alpha$，当

$\omega \leqslant \dfrac{1}{T}$ 时，$L(\omega) = 0$ dB；当 $\omega \geqslant \dfrac{1}{\alpha T}$ 时，$L(\omega) = -20$ dB。滞后网络相当于一个低通滤

波器。

相位滞后校正利用滞后网络的高频幅值衰减特性，降低系统的幅值穿越频率，提高系统的相位裕度。另外，使对数幅频特性低频段上升，从而提高稳态性能。通常将滞后网络产生的相角滞后的最大频率 $\omega = \dfrac{1}{\alpha T}$ 处于校正前系统的低频段，取校

正后幅值穿越频率 $\omega'_c \geqslant \dfrac{10}{\alpha T}$。设计步骤如下：

（1）求出满足稳态误差系数的开环增益 K，绘制校正前系统的伯德图，求出校正前的系统相位裕度 γ 与 ω_c；

（2）根据期望的相位裕度，$\varphi(\omega'_c) = -180° + \gamma' + (5° \sim 12°)$，由此确定校正后的幅值穿越频率 ω'_c；

（3）由 $-20\lg\alpha = 20$ dB 确定 α，取 $\omega'_c = \dfrac{10}{\alpha T}$，确定 T，由此，取得滞后网络的转折

频率 $\dfrac{1}{T}$ 与 $\dfrac{1}{\alpha T}$，写出其传递函数；

（4）绘制校正后系统伯德图，检验相位裕度是否满足要求。

2.基于根轨迹的相位滞后校正

在期望主导极点位于校正前的系统根轨迹上的情况下，利用增加靠近原点的开环偶极子既不改变根轨迹的形状又提高开环增益，以达到系统稳态性能的要求。

滞后网络的传递函数为 $G_c(s) = \dfrac{s+z}{s+p}$，$|z| > |p|$。设计步骤如下：

(1)绘制校正前的系统根轨迹，确定期望的主导极点与位置；

(2)根据根轨迹的幅值条件，求得系统在期望主导极点处的根轨迹增益 K_g，由此确定校正前的系统误差系数；

(3)求取期望的系统误差系数和校正前的系统误差系数的比值，此比值为校正网络的偶极子的零、极点比值所提供的系统误差系数的增量值；

(4)确定偶极子的零、极点位置，要求满足系统误差系数的增量值；

(5)绘制校正后系统根轨迹，验证系统校正效果。

1.4.3 滞后-超前校正

基于伯德图的滞后-超前校正。

滞后超前网络的传递函数：$G_c(s) = \dfrac{(T_a s+1)(T_\beta s+1)}{(\dfrac{T_a}{\alpha}s+1)(\alpha T_\beta s+1)}$，$\alpha > 1$。$\dfrac{(T_a s+1)}{(\dfrac{T_a}{\alpha}s+1)}$ 为超前部分，$\dfrac{(T_\beta s+1)}{(\alpha T_\beta s+1)}$ 为滞后部分。

滞后-超前校正就是利用超前部分增大系统的相位裕度，利用滞后部分改善系统的稳态性能，使校正后系统响应速度加快，超调量减小，同时抑制高频噪声。设计步骤如下：

(1)求出满足稳态误差系数的开环增益 K，绘制校正前系统的伯德图，求出校正前的相位裕度 γ；

(2)选择校正后系统的幅值穿越频率 ω_c'；

(3)由最大相位超前量 φ_m 确定参数 α；

(4)选择滞后部分的转折频率 $\dfrac{1}{T_\beta}$ 在校正后系统的幅值穿越频率 ω_c' 以下十倍频程处；

(5)确定校正前系统在 ω_c' 处的幅值 $L(\omega_c')$，在 $(\omega_c', L(\omega_c'))$ 处画一条斜率 20 dB/dec的直线，它与 0 dB 线和 -20 dB 线的交点就是超前部分的转折频率；

(6)加入滞后超前网络，绘制校正后系统伯德图，验证性能指标是否满足要求。

1.5　控制系统的设计

1.计算机控制系统组成与原理

典型计算机控制系统原理如图 1-16 所示。

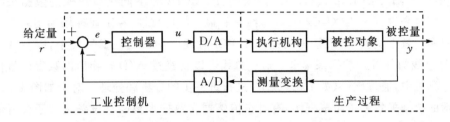

图 1-16　典型计算机控制系统原理图

计算机控制系统的工作主要分三个步骤:

(1)实时数据采集,对来自测量变换后的被控量的瞬时值检测和输入;

(2)实时控制策略,对采集到的被控量进行分析处理,按已定的控制规律,确定控制策略;

(3)实时控制输出,输出控制信号,完成控制任务。

2.数据采集

数据采集(Data Acquisition,DAQ)是指从计算机系统外部采集数据并进行转换后传输到计算机系统内部的过程。实现模拟信号输入的数据采集系统结构如图 1-17 所示。

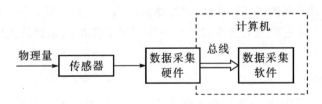

图 1-17　模拟信号输入的数据采集系统构成示意图

数据采集系统基本由传感器或变送器、数据采集设备和计算机三部分组成。传感器将各种类型的物理量转换成可测量的电信号,数据采集硬件设备将电信号转换为计算机可处理的数字信号,并传送到计算机中去。对于模拟量输入信号,模数转换器 ADC 是数据采集硬件设备中必不可少的组成部分。

多功能数据采集设备通常包括模拟信号输入(Analog Input，AI)、模拟信号输出(Analog Output，AO)、数字信号输入输出(Digital I/O，DIO)、计数器/定时器(Counter/Timer)等四大功能。根据采集需求和应用场合的不同，数据采集设备有不同类型可以选择。如果按照其与计算机的总线接口来分，可以有 PCI/PCI Express、PXI/PXI Express、USB、以太网、PCMCIA 等不同接口形式的数据采集卡。相对来说，PXI/PXI Express 总线具有最佳的可靠性，在工业现场和实验室应用较多。教学实验中，最常见的是基于 PCI 总线的插入式数据采集卡，以及基于 USB 总线的外置式数据采集卡。通过总线可以将经过 A/D 转换后的数字信号传到计算机中，通过软件(如 LabVIEW)进行进一步的分析和处理。对于如图 1-17 所示的数据采集系统组成框图，有时在传感器和数据采集硬件设备之间还会有信号调理装置，完成信号放大、模拟滤波、信号隔离等功能。

(1)香农采样定理

香农采样定理就是为了不失真地恢复模拟信号，采样频率 ω_s 必须满足大于等于模拟信号频谱中最高频率 ω_{max} 的 2 倍，即 $\omega_s \geqslant 2\omega_{max}$。香农采样定理是数据采集时选择采样周期或采样频率的基本原则，是分析和设计采样控制系统的理论依据。

(2)数字滤波技术

模拟信号中均含有来自于被测信号源本身、传感器、外界等种种噪声和干扰，噪声分为周期性和随机干扰两类。数据采集后要尽可能去除噪声和干扰，数字滤波就是通过一定的计算和程序判断减少干扰在有用信号中的比重，实质是一种程序滤波。主要的数字滤波方法有：均值滤波、中值滤波、限幅滤波、惯性滤波，加权平均值滤波。

数字滤波方法的选择视具体情况而定，均值滤波适用于周期性干扰，中值滤波与限幅滤波适用于偶然的脉冲干扰，惯性滤波适用于高频与低频的干扰信号，加权平均滤波适用于延迟较大的被控对象。一般情况下先用限幅滤波或中值滤波，再使用均值滤波。

3.控制策略

在控制领域，PID 是一种经典的调节方法。PID 控制器因具有适应不同工况的较好控制性能，在工业过程控制与机电控制中广泛应用。PID 控制器由比例控制 P、积分控制 I 和微分控制 D 组成。

(1)比例控制的作用是调整系统的开环增益，提高系统的稳态精度，加快速度响应。K_p 增大，使时间常数和阻尼系数减小。过大的开环增益会使系统的超调量增大，稳定裕度变小，甚至使系统变得不稳定。

(2)积分控制可以提高系统的型别,消除或减小系统的稳态误差。积分控制是靠对误差的积累消除稳态误差,使得系统的反应速度降低。简单引入积分控制可能造成系统结构不稳定,通常与比例控制一同作用。

(3)微分控制具有超前作用,增大系统的相位裕度与幅值穿越频率,加快系统的响应速度,但因幅值增加而放大系统内部的高频噪声。微分控制反映误差的变化率,只有当误差随时间变化时微分才起作用,故微分不单独使用,而是构成比例微分、比例积分微分控制共同作用。

比例控制 P、积分控制 I 和微分控制 D 不同组合构成不同的控制器。

PI 控制器是一种滞后校正装置,传递函数为:

$$G_c(s) = K_p(1 + \frac{1}{T_i s}) \tag{1-29}$$

PD 控制器是一种超前校正装置,传递函数为:

$$G_c(s) = K_p(1 + T_d s) \tag{1-30}$$

PID 控制器则是一种滞后-超前校正装置,传递函数为:

$$G_c(s) = K_p(1 + \frac{1}{T_i s} + T_d s) = K_p + \frac{K_i}{s} + K_d s \tag{1-31}$$

其中: $T_i > T_d$, $T_i = \frac{K_p}{K_i}$, $T_d = \frac{K_d}{K_p}$。

在低频区 PI 控制起作用,提高系统型别,消除或减小稳态误差。中、高频区 PD 控制起作用,增大系统的相位裕度与幅值穿越频率,加快系统的响应速度。

第二章　实验平台

2.1　NI ELVIS Ⅱ实验平台与 Quanser 直流电机

2.1.1　NI ELVIS Ⅱ多功能虚拟仪器综合实验平台

NI ELVIS Ⅱ多功能虚拟仪器综合实验平台是一个多功能的数据采集实验平台，如图 2-1 所示。它的核心是一个集成了 8 路差分输入（或 16 路单端输入）模拟数据采集通道（最高采样率 1.25MS/s）、2 路模拟信号输出、24 路数字 I/O 通道、两路计数器通道的 USB 接口的多功能数据采集卡，同时又集成了 ±15 V 和 5 V 固定电源以及 12 种常用的虚拟仪器，包括示波器、数字万用表、函数发生器、可变电源、波特图分析仪、任意波形发生器、动态信号分析仪等。ELVIS 通过面包板的方式将数据采集卡和各种仪器的接口引出，方便接线，并且为综合创新设计型实验留有足够的开发空间。ELVIS 通过 USB 接口连接 PC 机，连接简单且便于调试，图 2-2 标示出 NI ELVIS Ⅱ实验板上通道接口的布局。

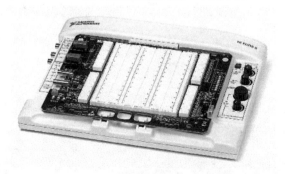

图 2-1　NI ELVIS 多功能虚拟仪器综合实验平台

1.常用的几种虚拟仪器

图 2-3 是 NI ELVIS Ⅱ12 种虚拟仪器软面板的启动选择界面，在自动控制原理实验中，主要用到的虚拟仪器有函数发生器 FGEN、可变电源 VPS、示波器

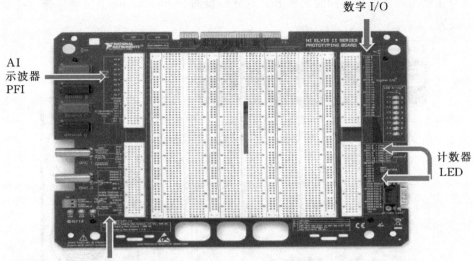

图 2-2　NI ELVIS 实验板通道接口的布局

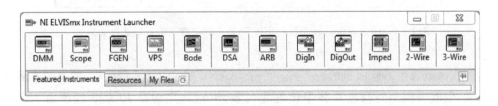

图 2-3　NI ELVIS Ⅱ 12 种虚拟仪器软面板的启动选择界面

Scope、伯德图分析仪 Bode 等。

（1）函数发生器 FGEN

通过 ELVIS Instruments Launcher 的 FGEN 按钮可以打开自带的函数发生器软面板，进而可以通过 ELVIS 底座上的 FGEN BNC 接口或者 ELVIS 自带实验板上的 FGEN 端口输出正弦波、方波或三角波。如图 2-4 所示，通过软面板上对应的图标可以选择产生相应的波形，同时可对频率、幅度（峰峰值）、直流偏置等参数进行设置。对于方波信号，还可以选择占空比。此外还可选择 AM 或 FM 调制信号。利用函数发生器软面板也可以产生扫频信号，可以设置扫频的起始频率、最终频率、每一步的频率增量及时间。

在使用函数发生器时，需要注意的是，由于输出信号有两种可能的路由方式（通过 ELVIS 底座上的 FGEN BNC 接口或者 ELVIS 自带面包板上的 FGEN 端口),在使用时要根据实际的接线方式对软面板的 Signal Route 下拉菜单进行正确的设置。

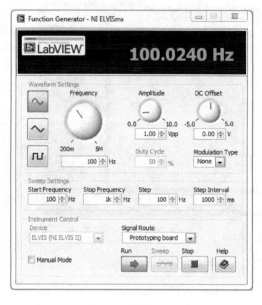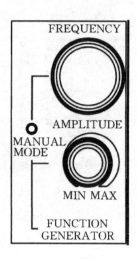

图 2-4 函数发生器软面板与 ELVIS Ⅱ 上的函数发生器手动调节旋钮

在函数发生器软面板的左下方有一个 MANUAL MODE 选项框,如果勾选此选项,则软面板上的幅度和频率设置将失效,取而代之的是 ELVIS 底座右方的 AMPLITUDE 和 FREQUENCY 旋钮,此时可通过手动旋转这两个旋钮的方式来调整产生波形的幅度和频率,同时 ELVIS 底座右方 FUNCTION GENERATOR 部分的 MANUAL MODE 指示灯会点亮。

ELVIS 自带的函数发生器与模拟信号输出(AO)功能在硬件上是各自独立的,因此可以同时使用。

使用函数发生器时,在接线时要注意共地的问题。如果信号路由选择原型板(Prototyping Board)上的 FGEN 接口,其参考端是 GROUND。

(2)可变电源 VPS

通过 ELVIS Instruments Launcher 的 VPS 按钮可以打开自带的可变电源软面板,如图 2-5 所示,通过 ELVIS 实验板上左下方 Variable Power Supplies 部分的 Supply+和 Supply-端口分别提供正电源和负电源。两路直流电源的幅度范围分别为 0 至 12 V 以及-12 V 至 0,正负两路输出电压可分别独立调节,其可提供的最大驱动电流为 500 mA,因此可以直接驱动一些小型的直流马达。

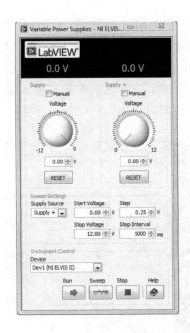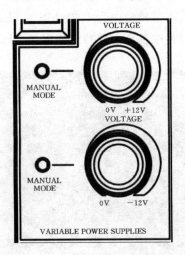

图 2-5　可变电源软面板与 ELVIS Ⅱ 上的可变电源手动调节旋钮

　　利用 ELVIS 的可变电源软面板还可以对正电源或负电源单独进行扫描式的电压输出，可以设置扫描的起始电压、终止电压、每一步的电压步进值以及持续时间等参数。

　　在可变电源软面板上，正负两路可变电源电压设置的上方都有一个 Manual Mode 选项框。如果勾选此选项，则软面板上的输出电压设置将失效，取而代之的是 ELVIS 底座右方的两个 Voltage 旋钮，此时可通过手动旋转这两个旋钮的方式来调节正负两路可变电源的输出电压，同时 ELVIS 底座右方 VARIABLE POWER SUPPLIES 部分的 Manual Mode 指示灯会点亮，如图 2-5 所示。

　　使用可变电源时，同样应注意接线的共地问题。对于原型板的 Supply＋和 Supply－端口，其参考端都是 GROUND。

　　除了可变电源外，ELVIS 还提供了一些固定电源可供使用，包括＋15 V、－15 V 以及＋5 V 的固定电源。其中＋15 V 和－15 V 与可变电源的驱动能力相同，都是 500 mA，而＋5 V 固定电源的电流输出驱动能力为 2 A。

　　(3)示波器 Scope

　　通过 ELVIS Instruments Launcher 的 Scope 按钮可以打开自带的示波器软面板，如图 2-6 所示，允许同时对两路信号进行同步测量，测量信号既可以来自于

ELVIS 的两个示波器通道 Scope CH0 和 Scope CH1,也可以来自于其他 8 路差分模拟信号输入(AI)通道,通过 Source 下拉菜单可以选择具体的通道。对于型号 ELVIS II+,示波器通道的最高采样速率可达 100 MS/s,8 路差分模拟信号输入通道的最高采样速率为 1.25 MS/s。ELVIS 的示波器通道和模拟输入通道(AI)在内部硬件中各自占用独立的资源,因此可以同时使用。

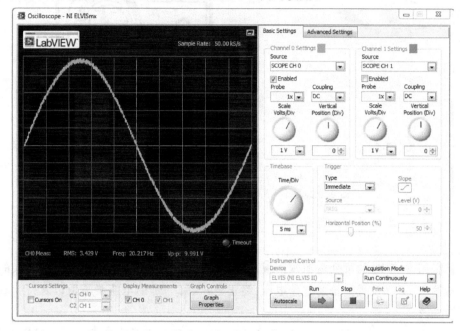

图 2-6　示波器软面板

示波器软面板上的各种输入与传统示波器类似,用户可以在 Basic Settings 页面中设置 X 和 Y 轴每格代表的电压或时间,也可以对触发方式进行设置。在 Advanced Settings 页面,用户还可以进一步设置两路信号的偏移量,以及是否启用 20 MHz 滤波器。

(4)伯德图分析仪 Bode

通过 ELVIS Instruments Launcher 的 Bode 按钮可以打开自带的伯德图分析仪软面板,如图 2-7 所示,对电路的幅频特性和相频特性进行测量。

在使用伯德图分析仪时,首先要将 ELVIS 原型板上的 FGEN 端口接到待测电路的输入端,相当于使用函数发生器产生的扫频信号作为电路的激励信号。然后将 FGEN 信号接至在软面板上所选定的激励信号测量通道(Stimulus Channel),将待测电路的输出信号接至在软面板上所选定的响应测量通道(Response

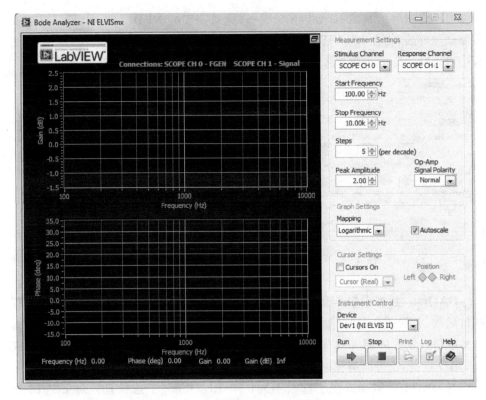

图 2-7　伯德图分析仪软面板

Channel)。在连线时同样应注意共地连接的问题。

在软面板上可选择扫频的起始频率和截止频率，以及每个 10 倍间隔中扫描几个频点（扫描频点越多，图形越能反映真实曲线，但所需时间越长），此外还可通过 Peak Amplitude 参数设置正弦激励信号的幅值。点击"Run"按钮之后，FGEN 端口就会按照设置自动产生扫频信号，同时所选的激励测量通道和响应测量通道就会自动测量在每一测量频点时的激励波形和响应波形，进而自动计算出幅度增益和相位变化，最终将每一频点处的幅度增益和相位偏移绘制在软面板的图形上，就可自动得到电路的幅频特性和相频特性曲线。

2. ELVISⅡ软件的安装

ELVISⅡ软件的安装顺序是首先安装 LabVIEW 软件，再安装 NI-ELVISmx 软件，安装 NI-ELVISmx 软件时选择同时安装 NI-DAQmx 软件，即可获得 NI-EL-VISmx 所提供的仪器软面板和 LabVIEW Express VI 等功能。ELVISⅡ的驱动软件 NI-ELVISmx，可以从 NI 公司网站上免费下载该软件。如果是除了 ELVIS

和 myDAQ 之外的其他 NI 数据采集设备,则只需安装 NI-DAQmx 软件。成功安装驱动软件后,将在 LabVIEW 的 VI 程序框图设计窗口函数选板的"测量 I/O"选板中出现"DAQmx-数据采集"和"ELVISmx"两个子选板,如图 2-8 所示。

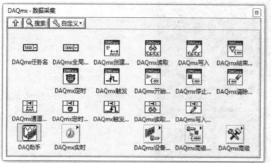

图 2-8　DAQmx-数据采集和 NI ELVISmx 子选板

DAQmx-数据采集子选板中包含了与 NI 数据采集硬件设备交互所需的所有接口函数,包括一个 DAQ 助手 Express VI,主要用于控制数据采集设备进行数据采集或信号发生的相关操作,也就是说可以用这些函数编程控制 NI ELVIS 或 myDAQ 设备,也可以编程控制其他 NI 数据采集硬件设备。

与 DAQmx-数据采集子选板不同,NI ELVISmx 子选板只针对 ELVIS 和 myDAQ 设备,为这两种设备提供了一组 Express VI,便于直接编程调用其集成的各种虚拟仪器功能,这些 Express VI 对于其他数据采集设备是不适用的。

这里所提到的 NI myDAQ 是 NI 的一种便携式数据采集平台,核心是一个集成了 2 路差分模拟信号输入(最高采样率 200 kS/s)、2 路模拟信号输出、8 路数字 I/O 通道、1 路计数器通道的 USB 接口多功能数据采集卡,提供一个 3.5 mm 音频信号输入端口和一个音频信号输出端口,同时集成了 ±15V 和 5V 固定电源以及 8 种最为常用的虚拟仪器功能(包括示波器、数字万用表、函数发生器、波特图分析仪、任意波形发生器、动态信号分析仪等)。

2.1.2　Quanser QNET 直流电机

QNET 是加拿大 Quanser 公司针对 NI ELVIS 平台开发的一组用于控制系统实验教学配套的控制对象板卡,直流电机控制实验板(QNET DC Motor Control Trainer)是其中一种,可应用其完成电机系统建模、电机转速控制、电机位置控制等实验。图 2-9 分别显示了 QNET 直流电机控制实验板和电机部分。

1. 外观及物理接口

图 2 - 9   QNET 直流电机控制实验板与电机部分

1—直流电机;2—高分辨率编码器;3—电机固定支架;4—圆盘状惯性负载;5—与 NI ELVIS 实验台底座的接口,主要用于与底座中数据采集设备的电器连接;6—QNET PWM/编码器子板;7—24 V 直流电源接口,用于外部供电;8—保险丝;9—电源、+15 V、−15 V、+5 V 状态指示灯

2. QNET 直流电机控制实验板与 NI ELVIS 数据接口

QNET 直流电机控制实验板与 NI ELVIS 数据采集接口如图 2 - 10 所示。(其中:MOTOR + ENCODER,电机及编码器;CURRENT SENSE,电流变送;POWER AMPLIFIER,功率放大;TACHOMETER,转速计)

从图 2 - 10 可以看出,NI ELVIS 数据采集设备与 QNET 直流电机控制上的电机系统之间主要有四个接口。

(1)AO 0 通道:模拟电压信号输出通道,用于为直流电机提供控制信号。由于普通的模拟电压输出通道的电流驱动能力有限,因此在 QNET 直流电机控制实验板上有一块功率放大电路(即图中的 POWER AMPLIFIER 部分)用于将 AO 0 通道的控制信号放大后直接驱动电机。

(2)AI 0 通道:模拟电压信号采集通道,用于对电机的驱动电流进行测量。由于 QNET 直流电机控制实验板上有电流变送电路(即图中的 CURRENT SENSE 部分)将电流信号转换为电压信号,因此可以用普通的 AI 通道对电流进行测量。

(3)DI 0 通道:实际是 NI ELVIS 的 0 号计数器(CTR 0)的源(Source)通道,用于对电机编码器(即图中的 ENCODER)输出的脉冲进行计数,从而可通过计算脉冲频率得到电机转速。

(4)AI 4 通道:模拟电压信号采集通道,用于对转速信号进行测量。QNET 直流电机控制实验板上的转速变送电路(即图中的 TACHOMETER)可将电机编码

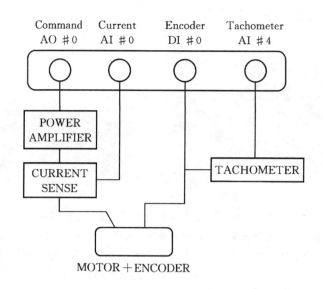

图 2-10　QNET 直流电机控制的接口框图

器输出脉冲信号的频率高低转换成电压信号的大小，因此就可以通过普通模拟采集信号直接对转速进行测量。

整个系统的工作原理是，将直流电机作为闭环系统的被控对象，控制信号由 AO 0 提供，反馈信号可以是 AI 0 通道测量的电流，也可以是计数器通道或 AI 4 通道测量的转速。在我们的实验中，主要将更为直接的转速作为反馈信号；而且通过实践发现，相比较通过 AI 4 通道测量转速变送电路提供的转速，利用计数器通道直接测量编码器脉冲频率再由程序计算转速具有更高的精度和更好的控制效果，因此我们在后面的实验中，反馈通道主要是 NI ELVIS 的计数器（CTR 0）通道的脉冲计数。

3. QNET 直流电机控制实验板组成

QNET 直流电机控制实验板的组成部分包括：电机、脉冲宽度调制（PWM）功率放大器、模拟电流测量、位置测量、模拟转速测量。图 2-11 所示的是安插于 NI ELVIS 平台上 QNET 直流电机控制实验板。

（1）电机

板载的 12 V 直流电机具有 5 个换向段和 1 个磁通环，每极有 64 个绕组，库伦摩擦等效为 0.5 V～1.5 V 电压。

（2）脉冲宽度调制（PWM）功率放大器

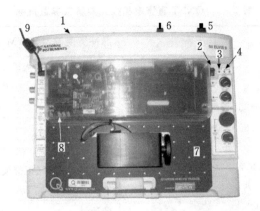

图 2-11　安插于 NI ELVIS平台上 QNET 直流电机控制实验板

1—NI ELVIS Ⅱ平台；2—实验板电源开关；3—电源指示灯；4—Ready 指示灯；5—NI ELVIS Ⅱ电源线；6—NI ELVIS Ⅱ与 PC 的 USB 通信线；7—QNET 直流电机控制实验板；8—QNET 电机控制实验板电源指示灯；9—QNET 电源线

PWM 功率放大电路用于直接驱动电机。该放大电路的输入信号就来自于 NI ELVIS 的 AO 0 通道所输出的电压信号。放大电路的最高输出电压为 24 V，最大峰值输出电流为 5 A，最大连续输出电流为 4 A，线性放大增益为 2.3 V/V。

(3)模拟电流测量(通过变送电阻)

功率放大器的输出连接了一组 0.1 Ω 的负载电阻，可以通过 NI ELVIS 的 AI 0 通道测量其电压，这样就可以测出通过电机的电流。

(4)位置测量(通过光学编码器)

在直流电机后部安装有一个高精度的光学正交编码器，在电机旋转时会连续产生脉冲序列，每个脉冲对应于一个固定的旋转角度，因此只要对编码器产生的脉冲进行计数就可以知道电机的旋转角度(即位置)以及转速。可以通过 NI ELVIS 的计数器通道对脉冲进行计数。

(5)模拟转速测量(通过转速计)

一个转速计电路可以将正交编码器的脉冲输出直接转换成以模拟电压量表示的转速信息，可以通过 NI ELVIS 的 AI 4 通道采集这个模拟电压信号，从而获得转速信息。但在实际实验中，我们并没用使用该信息，仍然是直接由编码器的脉冲计数获取相关信息。

4.参数指标

QNET 直流电机控制实验板参数指标如表 2-1 所示。

表 2-1　QNET 直流电机控制实验板参数指标

电机部分：	脉冲宽度调制（PWM）放大器：
电枢电阻：8.7 Ω 扭矩常量：0.03334 N·m 反电动势常数：0.03334 V/(rad/s) 转子的惯性力矩：1.80E-006 kg·m² 最大连续扭矩：0.1 N·m 最大额定功率：20.0 W 最大连续电流：1.0 A 惯性负载质量：0.033 kg 惯性负载半径：0.0242 m	PWM 放大器最大输出电压：24 V PWM 放大器最大输出电流：5 A PWM 放大器增益：2.3 V/V
	编码器： 编码器线数：360 线/转 编码器分辨率（正交模式）：0.25°/计数 编码器电平：TTL
	转速计： 2987 rpm/V

2.2　LabVIEW DAQmx API 函数

LabVIEW 是一种图形化的系统设计软件平台，特点就是可以非常方便地集成硬件，构建起软硬件结合的实际系统。要构建实际控制系统，与 DAQ 密不可分。本节重点介绍 LabVIEW 中编程快速灵活的 DAQmx API 函数。

1. DAQmx API 函数

DAQmx API 函数引入多态机制，即一个多态 VI 可以接收或输出多种数据类型，可以实现模拟 I/O、数字 I/O、计数器等多种功能，使得编程灵活、通用性强。DAQmx API 函数位于 LabVIEW 的 VI 程序框图设计窗口函数→测量 I/O→DAQmx-Data Acquisition 数据采集子选板中，如图 2-12 所示。

常用 DAQmx API 函数包括：DAQmx 创建虚拟通道、DAQmx 读取、DAQmx 写入、DAQmx 定时、DAQmx 触发、DAQmx 等待直到完成、DAQmx 开始任务、DAQmx 停止任务、DAQmx 清除任务。介绍如下。

（1）　DAQmx 创建虚拟通道（DAQmx Create Virtual Channel. vi）：创建测量通道，可以通过多态 VI 选择器选择创建模拟输入通道、模拟输出通道、数字 I/O 通道或计数器通道。对于模拟输入信号，可以进一步选择测量类型。

（2）　DAQmx 读取（DAQmx Read. vi）：从计算机内存中读取采集到的数据到程序中，可以指定每次执行该 VI 所读取的数据点数。同样可以通过多态 VI

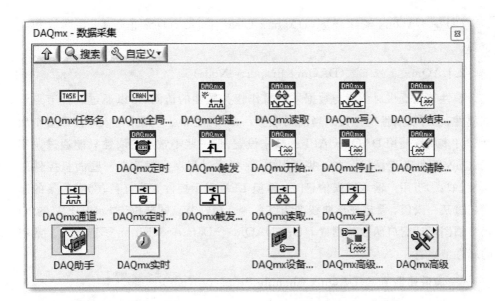

图 2-12 DAQmx 数据采集选板

选择器来选择数据采集的通道数和希望返回的数据类型(双精度数组或波形类型)。

(3) DAQmx 写入(DAQmx Write.vi):将数据写入输出缓存中,可以通过多态 VI 选择器来选择写入数据的格式、每次写入单个或多个数据、写入单个或多个通道。

(4) DAQmx 定时(DAQmx Timing.vi):用于设定采集模式是"有限点采样"或"连续采样",以及设定采样率。

(5) DAQmx 触发(DAQmx Trigger.vi):利用触发方式启动 DAQ 设备完成规定的工作。常用有启动触发和参考触发动作,可以选择数字边沿、模拟边沿、模拟窗口触发时间。

(6) DAQmx 结束前等待(DAQmx Wait Until Done.vi):等待数据采集或生成操作完成。

(7) DAQmx 开始任务(DAQmx Start Task.vi):该 VI 执行之后才能启动测量任务。

(8) DAQmx 停止任务(DAQmx Stop Task.vi):用于停止任务,使其返回 DAQmx Start Task.vi 尚未执行时的状态。

(9) DAQmx 清除任务(DAQmx Clear Task. vi):终止任务,并释放相关资源。

2. DAQmx 属性节点(DAQmx Property Node)

属性节点提供对所有与数据采集操作相关属性的访问,可以通过属性节点设置属性,也可从属性节点读取当前属性值,一个属性节点可用来写入或读取多个属性。许多属性使用 DAQmx API 函数来设置,但一些不常用的属性只能通过调用 DAQmx 属性节点访问。在一些应用中,希望通过程序实时改变一些面板控件的属性,如:①当用户输入错误信息时,希望 LED 显示控件变为红色;②当采集的温度超过某一阈值,希望波形曲线变为红色等。属性节点同样位于 LabVIEW 的 VI 程序框图设计窗口函数→测量 I/O→ DAQmx—Data Acquisition 子选板中。常用的属性节点有:

(1)通道属性节点(DAQmx Channle Property Node)

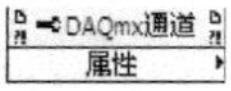

(2)读取属性节点(DAQmx Read Property Node)

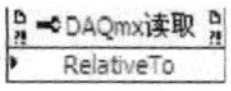

(3)写入属性节点(DAQmx Write Property Node)

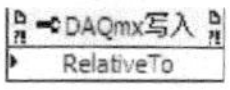

(4)定时属性节点(DAQmx Timing Property Node)

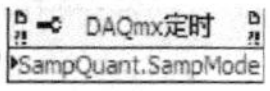

(5)触发属性节点(DAQmx Trigger Property Node)

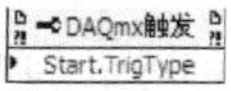

DAQmx API 函数与属性节点的应用,主要通过实验学习掌握。

2.3 基于 NI ELVIS II 的自动控制原理实验系统

基于 NI ELVIS II 自行开发的自动控制原理实验系统包含了六部分:系统时域特性分析,系统频域分析,系统时域稳定性分析,频率响应测试,系统校正设计与直流电机的建模与控制。

通过点击主界面的实验项目选择进入相关实验。实验系统主界面如图 2-13 所示。

1. 系统时域特性分析

利用运算放大器、电阻、电容、导线在 ELVIS II 面包板上搭建一阶、二阶、三阶等模拟系统,利用模拟量输出端口 AO 发出阶跃信号,通过模拟量输入端口采样系统的输入端与输出响应,获取系统的阶跃响应曲线,测量系统的时域特性指标,分析时域性能。系统时域特性曲线与测量如图 2-14 所示。

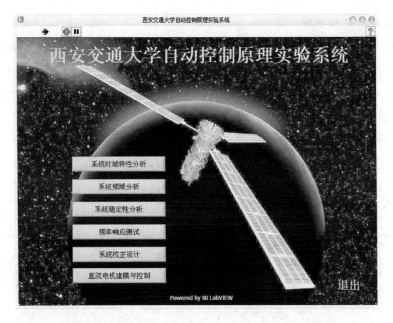

图 2-13　基于 NI ELVIS Ⅱ 的自动控制原理实验系统

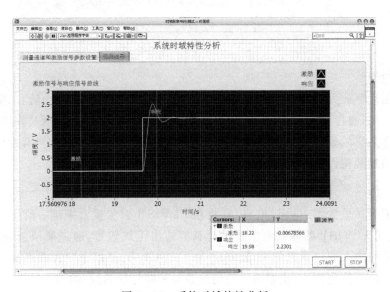

图 2-14　系统时域特性分析

2.系统稳定性分析

观察与分析系统的开环放大系数 K 与时间常数 T 变化对系统性能的影响,如图 2－15 所示。

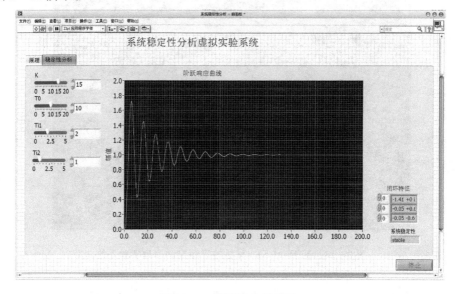

图 2－15　系统稳定性分析

3.频域特性分析

利用运算放大器、电阻、电容、导线在 ELVISⅡ面包板上搭建一阶、二阶、三阶等模拟系统,通过模拟量输出端口 AO 发出频率变化的正弦信号,通过模拟量输入端口采样系统的输入端与输出响应,经运算绘制出系统的幅频与相频特性曲线,给出系统的频域特性指标。系统频域特性分析如图 2－16 所示。

4.系统频率特性测试

利用运算放大器、电阻、电容、导线在 ELVISⅡ面包板上搭建一阶、二阶模拟系统,应用 ELVISⅡ的函数发生器手动调节输出正弦信号,通过模拟量输入端口测量系统的输入端与输出响应,绘制出 X－Y 测量图;使用李萨育图形测量法,计算出系统的幅值与相位,绘制出系统的幅频与相频特性曲线,如图 2－17 所示。

5.系统串联校正

根据系统参数,可以绘制出校正前系统阶跃响应线,给出频域性能指标,根据期望的相位裕度可设计出超前校正网络,绘制出校正后的系统阶跃响应线,且给出

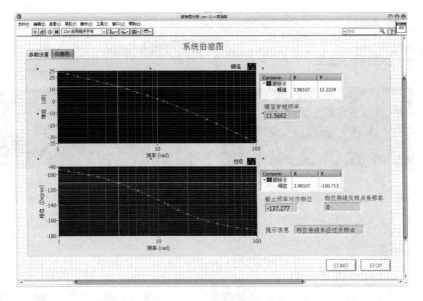

图 2-16　系统频域特性分析

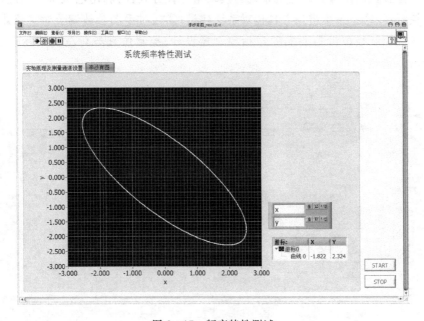

图 2-17　频率特性测试

频域性能指标,如图 2-18 所示。

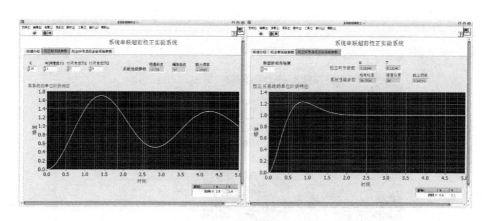

图 2-18　系统串联校正

6.直流电机建模与控制

　　直流电机系统建模与控制实验如图 2-19 所示,包括系统建模、电机速度控制与电机位置控制三部分。电机系统建模采用三种方式:①利用电机阶跃响应建立系统模型;②通过系统辨识工具包对系统建模;③通过手动参数调节对系统建模。电机速度控制与位置控制实验包括控制器设计、控制仿真与对电机实际控制三部分。

图 2-19　直流电机建模与控制

第三章 基础实验

基础实验主要任务是掌握分析系统时域、频域、根轨迹方法,验证基本理论知识;初步掌握串联校正方法、PID控制算法;了解直流电机的建模方法、如何控制电机转速,电机转角位置;初步认识模拟通道和数据采集的概念,怎样采集模拟信号,如何输出信号;从理论验证向实践应用与设计逐步过渡。

实验一 线性系统时域特性分析

一、实验目的

1.掌握测试系统响应曲线的模拟实验方法。

2.研究二阶系统的特征参量 ζ 阻尼比和 ω_n 自然频率对阶跃响应瞬态指标的影响。

二、实验设备与器件

计算机一台,NI ELVIS II 多功能虚拟仪器综合实验平台一套,万用表一个,通用型运算放大器 4 个,电阻若干,电容若干,导线若干。

三、实验原理

典型二阶系统开环传递函数为:$G(s) = \dfrac{K}{s(Ts+1)} = \dfrac{\omega_n^2}{s(s+2\zeta\omega_n)}$,一种是时间常数表达式,一种是零极点表达式。时间常数表达式中包含三个环节:比例、积分和一阶惯性环节。其中,K 为开环放大系数,T 为一阶惯性环节的时间常数。零极点表达式中包含两个特征参数:ζ 阻尼比和 ω_n 自然频率。二阶系统的瞬态性能就由特征参数 ζ 和 ω_n 决定。

典型二阶系统方块图如图 3-1 所示,系统闭环传递函数为:

$$\frac{C(s)}{R(s)} = \frac{\omega_n^2}{s^2 + 2\zeta\omega_n s + \omega_n^2} = \frac{K_1/(T_0 T_1)}{s^2 + (1/T_1)s + K_1/(T_0 T_1)}$$

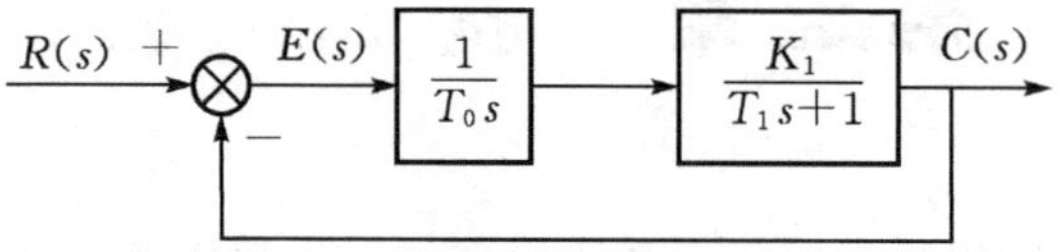

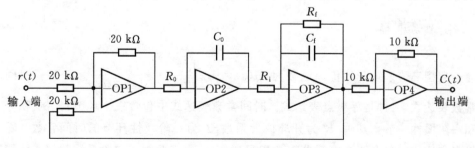

$R(s) \quad + \quad E(s) \quad \boxed{\dfrac{1}{T_0 s}} \quad \boxed{\dfrac{K_1}{T_1 s + 1}} \quad C(s)$

图 3-1　典型二阶系统方块图

阻尼比与自然频率为：

$$\zeta = \frac{1}{2\omega_n T_1} = \frac{1}{2T_1\sqrt{\dfrac{K_1}{T_0 T_1}}} = \frac{1}{2}\sqrt{\frac{T_0}{T_1 K_1}}, \qquad \omega_n = \sqrt{\frac{K_1}{T_0 T_1}}$$

典型环节与模拟电路阻容参数的关系如下：

积分环节 $\dfrac{1}{T_0 s}$：$T_0 = R_0 C_0$

一阶惯性环节 $\dfrac{K_1}{T_1 s + 1}$：$T_1 = R_f C_f$，$K_1 = \dfrac{R_f}{R_i}$

四、实验内容

1.已知系统的模拟电路如图 3-2 所示，在 NI ELVIS Ⅱ 教学实验板上，利用运算放大器、电阻、电容自行搭建二阶模拟闭环系统。阶跃信号由实验板模拟量输出接口 AO 0 输出，接到二阶系统的输入端。将二阶系统的输入端与输出端分别接实验板模拟量输入接口 AI 0（＋）与 AI 1（＋），采样阶跃输入信号与二阶系统的阶

图 3-2　二阶系统闭环模拟电路图

跃响应信号。

搭建模拟电路时,应特别注意:运算放大器的 Vcc 与 Vee 分别接实验板的 +15 V 与 −15 V,正输入端 IN+ 应接实验板的 Ground,实验板模拟量输入接口 AI 0(−) 与 AI 1(−) 应接实验板的 Ground。

2. 写出下面二阶系统 6 组参数的开环传递函数,测量并记录下每组参数的阶跃响应曲线,标出各组曲线的超调量 M_P、峰值时间 t_p、调节时间 t_s($\Delta = 2$)的测量值,与理论值进行比较。将①②③④组曲线进行对比,①⑤⑥组曲线进行对比分析。

① $\omega_n = 1$ 不变,取 $\zeta = 0.2$
$R_i = 200\ \text{k}\Omega, R_f = 500\ \text{k}\Omega, C_f = 5\ \mu\text{F}, R_0 = 500\ \text{k}\Omega, C_0 = 2\ \mu\text{F}$

② $\omega_n = 1$ 不变,取 $\zeta = 0.5$
$R_i = 200\ \text{k}\Omega, R_f = 200\ \text{k}\Omega, C_f = 5\ \mu\text{F}, R_0 = 500\ \text{k}\Omega, C_0 = 2\ \mu\text{F}$

③ $\omega_n = 1$ 不变,取 $\zeta = 1$
$R_i = 200\ \text{k}\Omega, R_f = 100\ \text{k}\Omega, C_f = 5\ \mu\text{F}, R_0 = 500\ \text{k}\Omega, C_0 = 2\ \mu\text{F}$

④ $\omega_n = 1$ 不变,取 $\zeta = 0$
$R_i = 200\ \text{k}\Omega, R_f = \infty, C_f = 5\ \mu\text{F}, R_0 = 500\ \text{k}\Omega, C_0 = 2\ \mu\text{F}$

⑤ $\zeta = 0.2$ 不变,取 $\omega_n = 0.5$
$R_i = 800\ \text{k}\Omega, R_f = 1\ \text{M}\Omega, C_f = 5\ \mu\text{F}, R_0 = 500\ \text{k}\Omega, C_0 = 2\ \mu\text{F}$

⑥ $\zeta = 0.2$ 不变,取 $\omega_n = 2$
$R_i = 50\ \text{k}\Omega, R_f = 250\ \text{k}\Omega, C_f = 5\ \mu\text{F}, R_0 = 500\ \text{k}\Omega, C_0 = 2\ \mu\text{F}$

五、思考题

1. 分析二阶系统的特征参量(ζ, ω_n)的变化对系统动态性能的影响。

2. 时间常数 T 改变,超调量 M_P,调节时间 t_s 如何变化?

附:运算放大器引脚图

LM741 是通用型运算放大器电路,它的应用很广泛,可以构成各种功能电路,如图 3-3 所示是管脚资料和调零电路。

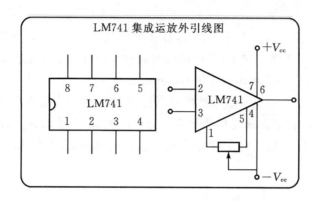

图 3-3 运算放大器 LM741 管脚和调零电路

实验二 线性系统稳定性分析

一、实验目的

1. 熟悉 Routh 判据,用 Routh 判据对三阶系统进行稳定性分析。
2. 研究线性系统的开环比例系数 K 与时间常数 T 对稳定性的影响。

二、实验设备与器件

计算机一台,NI ELVIS Ⅱ 多功能虚拟仪器综合实验平台一套,万用表一个,通用型运算放大器 5 个,电阻若干,电容若干,导线若干。

三、实验原理

典型三阶系统开环传递函数为:$G(s) = \dfrac{K}{s(T_1 s+1)(T_2 s+1)} = \dfrac{\omega_n^2}{s(s+2\zeta\omega_n)(T_2 s+1)}$。典型三阶系统由一个积分环节和两个一阶惯性环节组成,是在典型二阶系统的基础上增加了一个惯性环节,或者说增加了一个极点。典型三阶系统方块图如图 3-4 所示,系统闭环传递函数为:

$$\frac{C(s)}{R(s)} = \frac{K_1 K_2 / T_0}{T_1 T_2 s^3 + (T_1 + T_2)s^2 + s + K_1 K_2 / T_0}$$

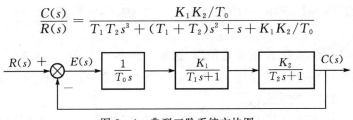

图 3-4 典型三阶系统方块图

四、实验内容

1. 利用 Routh 判据，分析三阶系统开环比例系数 K 与时间常数 T 对稳定性的影响，判别开环比例系数 K 与时间常数 T 的稳定范围。

2. 已知系统的模拟电路如图 3-5 所示，在 NI ELVIS Ⅱ 教学实验板上，利用运算放大器、电阻、电容自行搭建三阶模拟闭环系统。阶跃信号由实验板模拟量输出接口 AO 0 输出，接到二阶系统的输入端。将二阶系统的输入端与输出端分别接实验板模拟量输入接口 AI 0（+）与 AI 1（+），采样阶跃输入信号与二阶系统的阶跃响应信号。

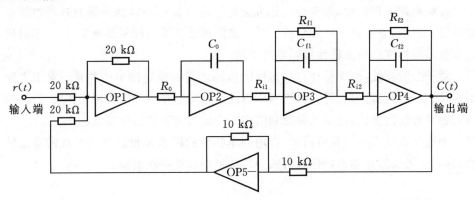

图 3-5 三阶系统的模拟电路图

搭建模拟电路时，应特别注意：运算放大器的 Vcc 与 Vee 分别接实验板的 +15 V 与 -15 V，正输入端 IN+ 应接实验板的 Ground，实验板模拟量输入接口 AI 0（-）与 AI 1（-）应接实验板的 Ground。

3. 在时间常数 T 不变的条件下，改变开环比例系数 K。三阶系统的阻容参数如下：

$R_{f2}=500\ \mathrm{k\Omega}, C_{f2}=1\ \mu\mathrm{F}, R_{i1}=100\ \mathrm{k\Omega}, R_{f1}=100\ \mathrm{k\Omega}, C_{f1}=1\ \mu\mathrm{F},\ R_0=500\ \mathrm{k\Omega}, C_0=2\ \mu\mathrm{F}$。

求取开环比例系数 K 的稳定范围,选取 3 组不同 K 值,通过改变对应的 R_{i2} 值,分别使该三阶系统处于稳定、临界稳定、不稳定状态,写出对应的系统开环传递函数,观察记录阶跃响应曲线。

4.在开环比例系数 K 不变的条件下,改变时间常数 T。三阶系统的阻容参数如下:

$C_{f2}=2\ \mu\mathrm{F}, R_{i1}=10\ \mathrm{k\Omega}, R_{f1}=100\ \mathrm{k\Omega}, C_{f1}=2\ \mu\mathrm{F},\ R_0=500\ \mathrm{k\Omega}, C_0=2\ \mu\mathrm{F}$

写出下面 3 组参数的系统开环传递函数,观测记录阶跃响应曲线,进行对比分析。

①$R_{i2}=500\ \mathrm{k\Omega}, R_{f2}=500\ \mathrm{k\Omega}$

②$R_{i2}=100\ \mathrm{k\Omega}, R_{f2}=100\ \mathrm{k\Omega}$

③$R_{i2}=50\ \mathrm{k\Omega}, R_{f2}=50\ \mathrm{k\Omega}$

实验三　线性系统频率响应特性

在经典控制理论中,频率特性分析法与时域分析法一样都是研究自动控制系统的经典方法,它弥补了时域分析法对于高阶系统性能指标不易确定,以及不易研究参数和结构变化对系统性能影响的不足。

对于二阶系统,频率特性与瞬态性能指标之间有确定的对应关系。对于高阶系统,两者也存在近似关系。由于频率特性与系统的参数和结构密切相关,可以用研究频率特性的方法,把系统参数和结构的变化与瞬态性指标联系起来。

频率分析法不必计算分析式,利用频率特性的图表来反映被测系统的动态特性,这对于无法描述动态特性分析式的某些复杂系统更加重要。

一、实验目的

1.掌握频率特性的测试原理及方法,进一步理解频率特性的物理意义。

2.学习根据系统频率特性来研究分析系统性能的方法。

二、实验设备与器件

计算机一台,NI ELVIS Ⅱ多功能虚拟仪器综合实验平台一套,万用表一个,通用型运算放大器 4 个,电阻若干,电容若干,导线若干。

三、实验原理

1.直接测量法:适用于时域响应曲线收敛的对象(如:惯性环节),不用构成闭环系统,直接测量系统的输入信号与输出信号的幅值与相位关系,就可以得到系统的频率特性。

2.间接测量法:用来测量闭环系统的开环特性。由于有些线性系统的开环时域响应曲线发散,幅值不易测量,可将其构成闭环负反馈稳定系统后,通过测量反馈信号 $B(j\omega)$ 与误差信号 $E(j\omega)$ 的关系,从而推导出对象的开环频率特性。

系统的开环频率特性为:$G(j\omega) = \dfrac{B(j\omega)}{E(j\omega)} = \left| \dfrac{B(j\omega)}{E(j\omega)} \right| \angle \dfrac{B(j\omega)}{E(j\omega)}$

采用对数幅频特性和相频特性表示为:

$$20\lg |G(j\omega)| = 20\lg \left| \frac{B(j\omega)}{E(j\omega)} \right| = 20\lg |B(j\omega)| - 20\lg |E(j\omega)|$$

$$\angle G(j\omega) = \angle \frac{B(j\omega)}{E(j\omega)} = \angle B(j\omega) - \angle E(j\omega)$$

将反馈信号与误差信号的幅值和相位按公式计算出来,即可得到系统的开环频率特性图,即伯德图。

四、实验内容

根据图 3-6～图 3-8,测量系统的频率特性。

1.积分环节 $G(s) = \dfrac{1}{0.1s}$

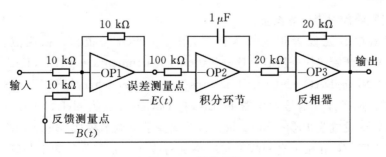

图 3-6　积分环节

2. 一阶惯性环节 $G(s) = \dfrac{1}{0.1s+1}$

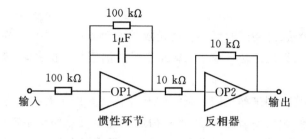

图 3-7 一阶惯性环节

3. 二阶系统 $G(s) = \dfrac{1}{0.1s(0.1s+1)} = \dfrac{100}{s(s+10)}$

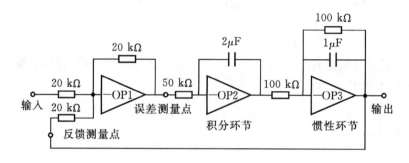

图 3-8 二阶系统

五、实验要求与步骤

1. 实验前预习李萨育图形法。

2. 实验中首先设置正弦输入信号,信号由 FGEN 提供。依次点击 WindowsXP 桌面开始按钮→所有程序→National Instruments→NI ELVISmx for NI ELVIS & NI myDAQ→NI ELVISmx Instrument Launcher,打开 ELVIS 自带的虚拟仪器。选择打开信号发生器 FGEN,将 Device 设置为 elvis(NI ELVIS Ⅱ),Signal Route 设置为 Prototyping board,并选择手动调节模式 Manual Mode。通过调节 NI ELVIS Ⅱ 板上右侧幅度与频率旋钮改变正弦信号的幅值与频率,将幅度旋钮调至最大,频率选择 1~10 Hz 之间。

3.按模拟电路图 3-6～图 3-8 接线,将系统输入端接入 NI ELVIS Ⅱ 板上 FGEN 信号,测量点均接模拟量输入通道 AI。运行实验系统软件,设置频率特性测量通道参数,运行并观测李萨育图。

4.通过移动游标,测量 X 轴与 Y 轴两路信号求取其幅值与相位关系。改变正弦信号频率,按表 3-1 记录每个频率下的实验数据,计算出幅值与相位,利用描点法画出其开环频率特性。

表 3-1　实验数据记录表

$f(Hz)$	1	2	3	4	5	6	7	8	9	10
$\omega=2\pi f$										
Y_m/X_m										
Y_0/Y_m										
$20\lg Y_m/X_m$										
$\arcsin Y_0/Y_m$										
φ										

搭建模拟电路时,应特别注意:运算放大器的 Vcc 与 Vee 分别接实验板的 +15V 与 -15V,正输入端 IN+ 应接实验板的 Ground,实验板模拟量输入接口 AI(一) 应接实验板的 Ground。

实验四　零极点对系统性能的影响

一、实验目的

1.掌握根轨迹图的绘制方法,学会使用 MATLAB 编写 m 文件绘制根轨迹图并实现各种功能。

2.研究分析开环零点、极点、开环增益 K 对根轨迹以及系统性能的影响。

3.掌握用根轨迹法分析系统瞬态性能和稳态性能的方法。

4.通过实验来验证根轨迹方法。

二、实验设备与器件

计算机一台，MATLAB 软件。

三、实验内容与要求

1.绘制下列开环传递函数的根轨迹图，分析并说明开环传递函数增加极点、零点后对根轨迹和系统性能指标的影响。

(1)增加极点

(a)$\dfrac{1}{s+1}$，　(b)$\dfrac{1}{(s+1)(s+2)}$，　　(c)$\dfrac{1}{(s+1)(s+2)(s+3)}$

(2)增加或改变零点

(a)$\dfrac{1}{s(s+1)(s+3)}$，　　　　(b)$\dfrac{s+4}{s(s+1)(s+3)}$，

(c)$\dfrac{s+2}{s(s+1)(s+3)}$，　　　　(d)$\dfrac{s+0.5}{s(s+1)(s+3)}$

2.绘制出根轨迹图，分析开环增益 K 对系统性能的影响。

设开环传递函数为：$\dfrac{K}{0.1s(0.2s+1)}$ ，$K=3.125$

其闭环传递函数：$\dfrac{\omega_n^2}{s^2+2\zeta\omega_n s+\omega_n^2}=\dfrac{12.5^2}{s^2+5s+12.5^2}$ ，$\zeta=0.2$ ，$\omega_n=12.5$

在开环零点、极点保持不变的情况下，当 K 取值为：1，2，4，5，10，20 时，观察分析根轨迹的变化以及对系统性能的影响。

3.绘制下列开环传递函数的根轨迹图，并求出系统稳定时 K 的放大范围。

(1)$G(s)H(s)=\dfrac{K(s^2+2s+4)}{s(s+4)(s+6)(s^2+1.4s+1)}$

(2)$G(s)=\dfrac{K}{s(s+1)(s+5)}$

范例

设开环系统为 $G(s)=\dfrac{s+3}{s(s+2)(s+5)}$

(1)m 文件中传递函数采用多项式的形式，绘制根轨迹。

num = [1 3]

den = [1　7　10　0]

```
rlocus (num, den)
axis ( [ -10,10 , -10,10 ] )
```
(2)m 文件中传递函数采用零极点函数 zpk()的形式,绘制根轨迹。
```
G = zpk (-3 ,[0;-2;-5],1)
rlocus (G)
```

实验五　线性系统串联校正设计

一、实验目的

1.掌握伯德图的绘制方法,学会用伯德图分析系统性能。学会使用 MAT-LAB 编写 m 文件绘制伯德图并实现各种功能。

2.研究分析串联校正网络对系统的作用及性能指标的影响。

3.掌握串联校正网络设计方法,能根据期望指标推导出系统的串联校正环节。

二、实验设备与器件

计算机一台,MATLAB 软件,NI ELVIS II 多功能虚拟仪器综合实验平台一套,万用表一个,通用型运算放大器 6 个,电阻若干,电容若干,导线若干。

三、实验内容与要求

已知单位反馈系统开环传函数为 $G(s) = \dfrac{20}{s(0.5s+1)}$,其系统方块图与模拟电路如图 3-9 与图 3-10 所示。

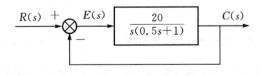

图 3-9　原系统方块图

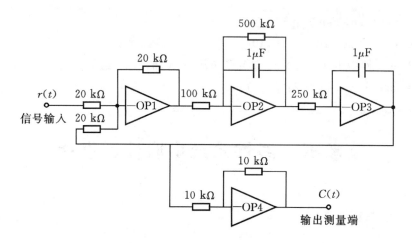

图 3-10 原系统模拟电路图

(1)应用 MATLAB 绘制出原系统的伯德图与阶跃响应曲线,并搭接模拟电路做出原系统阶跃响应曲线。

(2)设计一个超前串联校正环节,使系统校正后满足静态速度误差系数为 $K_V=20,\omega_c \geqslant 10 \text{ rad/s},\gamma \geqslant 45°$。

理论设计出超前串联校正环节,应用 MATLAB 绘制出超前校正后的伯德图与阶跃响应曲线,并搭建模拟电路做出校正后系统阶跃响应曲线。比较校正前后系统相位裕量、增益裕量、穿越频率 ω_c 以及阶跃响应曲线的 $\delta\%$ 与 t_s。加入校正环节的系统方块图和系统模拟电路图,如图 3-11 与图 3-12 所示。

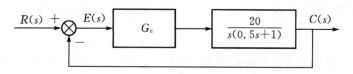

图 3-11 加校正环节的系统方块图

(3)在原系统中加入滞后校正环节 $G_c(s)=\dfrac{5s+1}{50s+1}$,要求应用 MATLAB 绘制出校正后系统的伯德图与阶跃响应曲线,并连接模拟电路做出校正后系统阶跃响应曲线。比较校正前后系统相位裕量、增益裕量、穿越频率 ω_c 以及阶跃响应曲线的 $\delta\%$ 与 t_s。加入校正环节的系统方块图和系统模拟电路图如图 3-11 与图 3-12 所示。

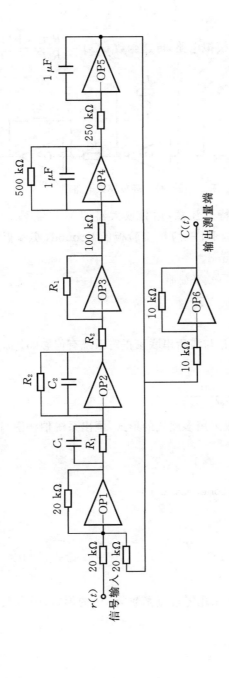

图 3 - 12 加入校正环节的系统模拟电路图

图 3-13 为校正环节模拟电路,传递函数 $G(s)=\dfrac{(R_1C_1s+1)}{(R_2C_2s+1)}$。

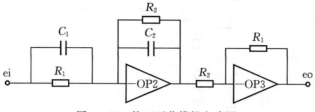

图 3-13　校正环节模拟电路图

搭建模拟电路时,应特别注意:运算放大器的 Vcc 与 Vee 分别接实验板的 +15V 与 -15V,正输入端 IN+ 应接实验板的 Ground,实验板模拟量输入接口 AI(-) 应接实验板的 Ground。

四、思考题

总结分析超前串联校正与滞后串联校正对系统有何影响。

范例

设开环系统为 $G(s)=\dfrac{40}{s(s+2)}$

(1)m 文件中传递函数采用多项式的形式,画出系统伯德图与阶跃响应曲线。

```
num = [0  0  40]
den = [1  2  0]
margin(num,den) 或:bode(num,den)
figure
sys1 = tf(num,den)
sys = feedback(sys1,1)
step(sys)
```

(2)m 文件中传递函数采用零极点函数 zpk() 的形式,画出系统伯德图与阶跃响应曲线。

```
G = zpk([ ],[0,-2],40)
margin(G)
figure
sys = feedback(G,1)
step(sys)
```

实验六　直流电机系统建模与控制

直流电机系统建模与控制实验包括三部分内容:系统建模、电机速度控制与电机位置控制。

实验 6-1　直流电机系统建模

一、实验目的

1. 掌握利用阶跃响应对直流电机建模的实验方法和理论依据。
2. 掌握利用 LabVIEW 系统辨识工具包(System Identification)来辨识直流电机电压与转速之间的传递函数的方法,建立电机模型。
3. 通过手动调整模型参数,拟合实际测量电机转速波形,获取最佳电机电压与转速之间的模型。

二、实验设备及软件

计算机一台,NI ELVIS Ⅱ多功能虚拟仪器综合实验平台一套,Quanser QNET 直流电机实验板一块,自动控制原理实验系统。

三、实验原理

设直流电机系统是一阶系统,电机电压与转速之间的传递函数关系如下: $\dfrac{K}{1+\tau s}$,通过给电机施加一个阶跃信号,分析阶跃响应曲线,求取出直流电机系统传递函数的参数。

根据一阶系统的单位阶跃响应曲线上各点的值、斜率与时间常数 τ 之间的关系,可用实验的方法测定一阶系统的时间常数 τ 与开环增益 K。

由图 3-14 一阶系统阶跃进响应曲线上可看出,阶跃信号 u 在时间 t_0 开始跃变,输入信号有最小值 u_{min} 和最大值 u_{max},此时产生的输出信号初值为 y_0,输出最终稳定到稳态值 y_{ss}。

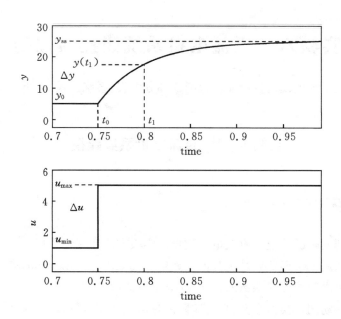

图 3-14　一阶系统阶跃进响应曲线

根据公式：$y(t_1) = 0.632(y_{ss} - y_0) + y_0$

求取响应输出上升 0.632 处的 $y(t_1)$ 值，并在图上读出相应的时间 t_1，则时间常数 τ 为：

$$\tau = t_1 - t_0$$

而开环增益 K 为：

$$K = \frac{\Delta y}{\Delta u} = \frac{y_{ss} - y_0}{u_{max} - u_{min}}$$

四、实验步骤

1. 打开 ELVIS 电源，待指示灯正常后，打开 Quanser 直流电机实验板电源。

2. 打开自动控制原理实验系统，选择直流电机系统建模与控制实验，实验前首先确认 ELVIS 的设备名称（Device Name）、速度采集通道（Speed Input）与电压输出通道（Voltage Output）设置正确。实验中要求采用如下三种建模方法建立电机模型。

（1）采样获取直流电机在给定电压作用下的电机转速响应波形，应用实验原理中的一阶系统阶跃响应实验方法求得直流电机模型的时间常数 τ 与开环增益 K。

（2）通过系统辨识方法获取直流电机模型。给电机一个方波的电压激励，然后采集电机的速度响应，再将电压激励与速度响应信号传递给 LabVIEW System Identification 工具包，通过这个工具包的 SI Estimate Transfer Function Model VI 辨识出系统的数学模型。对比激励电压信号作用下辨识出的模型速度的响应与实际测得速度响应。

（3）通过手动参数调节对电机建模。根据电机电压与转速之间的传递函数关系：$\frac{K}{1+\tau s}$，通过手动调节 K 与 τ 这两个参数，实时观察模型响应与系统实测响应的接近程度来最终确定 K 与 τ 这两个电机模型参数。

五、思考题

1. 总结一阶系统单位阶跃响应的特点。
2. 为什么有时候无论如何调节比例系数 K 都无法使得速度曲线在上下两个电压输入水平上都拟合得比较好？

实验 6 – 2　基于 PI 控制器的直流电机转速控制

一、实验目的

1. 掌握 PI 控制器的作用与原理。
2. 掌握如何通过闭环系统的自然频率 ω_n 与阻尼比 ζ 来确定电机速度控制器的 PI 参数。
3. 利用 LabVIEW 控制设计与仿真（Control Design and Simulation Module）模块，通过数字仿真的方式来验证设计好的 PI 控制器。
4. 利用所设计的 PI 控制器实际控制直流电机转速。

二、实验设备及软件

计算机一台，NI ELVIS II 多功能虚拟仪器综合实验平台一套，Quanser QNET 直流电机实验板一块，自动控制原理实验系统。

三、实验原理

采用闭环传递函数分母系数匹配的方法，通过闭环系统的自然频率 ω_n（natural frequency)与阻尼比 ζ(damping ratio)来确定电机速度控制器的 PI 参数。具体的推导过程如图 3 - 15 所示。

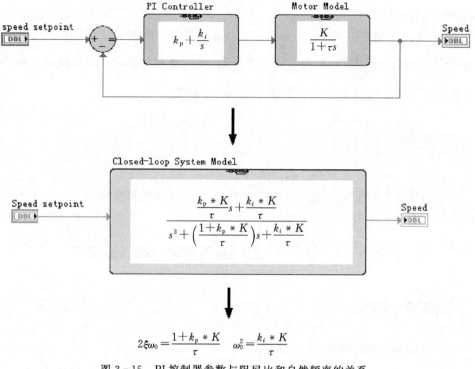

$$2\xi\omega_0 = \frac{1 + k_p * K}{\tau} \qquad \omega_0^2 = \frac{k_i * K}{\tau}$$

图 3 - 15　PI 控制器参数与阻尼比和自然频率的关系

利用 LabVIEW Control Design and Simulation Module 模块,通过数字仿真的方式来验证设计好的 PI 控制器。程序框图如图 3 - 16 所示。

LabVIEW PID 工具包里的 PID VI,其 PID 参数表述(工程表述)与通常的

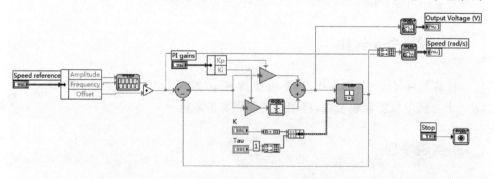

图 3 - 16　PI 控制器数字仿真程序框图

PID 参数表述不太一样。程序界面上具体给出了工程表述的数学表达式,通过观察数学表达式,可知如何把两种表述的参数相互转换。

$$k_i = \frac{k_p}{T_{i,min} * 60}, \quad k_d = k_p * T_{d,min} * 60$$

另外,在控制器设计中,不仅给出了 k_i,也直接计算出了对应的 $T_{i,min}$。

四、实验步骤

1. 打开 ELVIS 电源,待指示灯正常后,打开 Quanser 直流电机实验板电源。

2. 打开自动控制原理实验系统,选择直流电机系统建模与控制实验。

实验分三步进行:

(1) 选择打开 PI 控制器设计,根据电机的数学模型参数(Motor Parameters),以及设定的闭环系统性能,在 Design Spec 中通过闭环系统的自然频率 ω_n 与阻尼比 ζ 来确定电机速度控制器的 PI 参数,并获取在 PI 参数下的系统的阶跃响应曲线与性能指标:系统上升时间、峰值与峰值时间、调节时间等。

(2) 选择打开 PI 控制器仿真,输入电机系统模型参数与 PI 控制器的参数(PI gains),观察记录波形,验证设计的 PI 控制器是否具有良好的控制性能。

(3) 选择打开直流电机速度控制,先确认 ELVIS 的设备名称速度采集通道与电压输出通道设置正确。输入 PI 控制器的参数,观察记录设计的 PI 控制器在控制实际电机转速时的控制效果。

实验 6 – 3　基于 PD 控制器的直流电机位置控制

一、实验目的

1. 掌握 PD 控制器的作用与原理。

2. 掌握如何通过闭环系统的性能指标自然频率 ω_n 与阻尼比 ζ 确定电机位置 PD 控制器的参数。

3. 利用 LabVIEW 控制设计与仿真模块通过数值仿真的方式验证设计好的电机位置控制器。

4. 应用设计的位置 PD 控制器用来控制实际的电机。

二、实验设备及软件

计算机一台，NI ELVIS Ⅱ 多功能虚拟仪器综合实验平台一套，Quanser QNET 直流电机实验板一块，自动控制原理实验系统。

三、实验原理

采用闭环传递函数分母系数匹配的方法，通过闭环系统的自然频率 ω_n 与阻尼比 ζ 来确定电机位置控制器的 PD 参数。具体的推导过程如图 3-17 所示，图中第一闭环框图里的 $\frac{1}{s}$ 代表的是从速度到位置的积分过程。

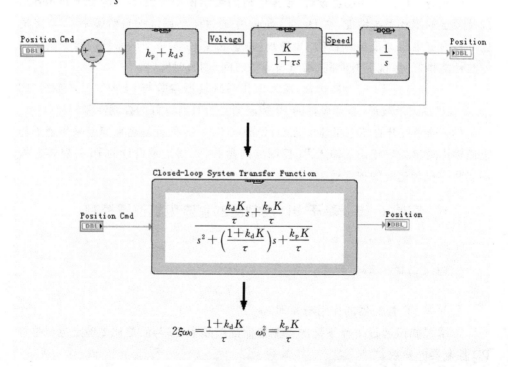

图 3-17　PD 控制器参数与阻尼比和自然频率的关系

利用 LabVIEW 控制设计与仿真模块，通过数字仿真的方式来验证设计好的 PD 控制器。程序框图如图 3-18 所示。

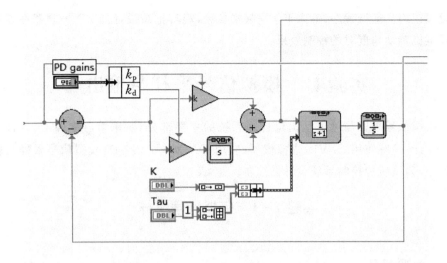

图 3-18　PD 控制器数字仿真程序框图

　　在进行位置控制实验的时候,可以注意到仿真与实际的一点不同,在实际控制时,为了保护电机,必须对电机的输出电压限幅,但是仿真中没有考虑这一点。

　　另外,实际的电机需要一定的启动电压,而仿真中假设电机是理想的,即只要输入电压不为零,就可以让电机转动。这一点有时会造成实际控制与仿真有差距,可以通过增大 PD 控制器的比例系数 k_p 来修正。因为 k_p 变大了,即可使小的位置误差放大为足够驱动电机转动的电压。

四、实验步骤

　　1. 打开 ELVIS 电源,待指示灯正常后,打开 Quanser 直流电机实验板电源。

　　2. 打开自动控制原理实验系统,选择直流电机系统建模与控制实验。

　　实验分三步进行:

　　(1) 打开 PD 控制器设计,根据电机的数学模型参数,以及设定的闭环系统性能,在 Design Spec 中通过闭环系统的自然频率 ω_n 与阻尼比 ζ 来确定电机速度控制器的 PD 参数,并获取在 PD 参数下的系统的阶跃响应曲线与性能指标:系统上升时间、峰值与峰值时间、调节时间等。

　　(2) 打开 PD 控制器仿真,输入电机的数学模型参数与 PD 控制器的参数,观察记录波形,仿真验证 PD 控制器是否有良好的控制性能。

　　(3) 打开电机位置控制,先确认 ELVIS 的设备名、速度采集通道与电压输出通道设置正确。运行程序,输入 PD 控制器参数,观察记录设计的 PD 控制器在控制实际电机转动角度时的控制效果。

实验七　模拟信号采样与输出

模拟信号采样与输出是构建控制系统的主要部分,要求学习掌握 LabVIEW 软件设计、熟练使用 ELVIS 虚拟仪器、应用 DAQmx API 编写模拟信号采样与输出程序,为以后的控制系统设计做准备。

实验 7-1　模拟信号采样

一、实验目的

1.熟悉主要 DAQmx API 函数,掌握构建模拟信号采样系统 VI 的方法。

2.理解模拟通道、采样率与待读取样本等概念。

二、实验设备

计算机一台,NI ELVIS Ⅱ多功能虚拟仪器综合实验平台一套,LabVIEW 软件。

三、实验内容与步骤

• 软件定时的单点模拟采集

1.硬件连线

将 ELVIS 实验板(或原型板 Prototyping Board)上的可变电源(Variable Power Supplies)的 Supply+端子连接至模拟输入信号(Analog Input Signals)的 AI 0+端子,可变电源的 Ground 连接至模拟输入信号 AI 0- 端子。

2.编程步骤

按下列步骤,创建如图 3-19 所示连续软件定时采集的程序框图,所需的 DAQmx API 函数都可通过在 VI 程序框图窗口中点击右键,从函数选板的"测量 I/O"进入如图 2-12 所示的 DAQmx 数据采集函数选板获取。

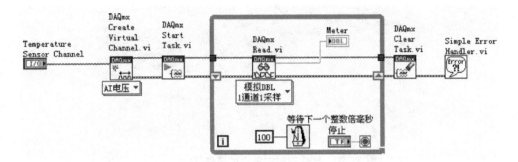

图 3-19　软件定时的单点模拟采集的程序框图

(1)打开一个空白 VI,将 VI 保存为"电压表.vi"。

(2)DAQmx 创建虚拟通道(DAQmx Create Virtual Channel.vi):在多态 VI 选择器中指定该 VI 创建的虚拟通道类型为"模拟输入"→"电压",右击"DAQmx 创建虚拟通道"物理的"通道输入"接线端,选择"创建"→"输入控件",并将控件命名为"AI Channel"。

(3)DAQmx 开始任务(DAQmx Start Task.vi):该 VI 执行之后才能启动测量任务。

(4)While 循环:将 DAQmx 开始任务的错误输出接线端连接至 While 循环的左侧,右击隧道,选择"替换为移位寄存器",在 While 循环的条件接线端创建"停止"输入控件。

(5)DAQmx 读取(DAQmx Read.vi):多态 VI 选择器应选择"模拟"→"单通道"→"单采样"→"DBL",该选项表示从一条通道返回一个双精度浮点型的模拟采样。右击数据输出接线端,选择"创建"→"显示控件"。

(6)等待下一个整数倍毫秒:用该函数控制循环每隔 100 ms 执行一次,该函数可从函数选板的"编程"→"定时"中找到。

(7)DAQmx 清除任务(DAQmx Clear Task.vi):在清除之前,VI 将停止该任务,并在必要情况下释放任务占用的资源。

(8)简易错误处理器:程序出错时,该 VI 显示出错信息和出错位置,该函数可以从函数选板的"编程"→"对话框与用户界面"中找到。

3.修改前面板

在前面板右击显示控件,选择"替换"→"数值"→"仪表",然后按照图 3-20 排列前面板元素,保存 VI。

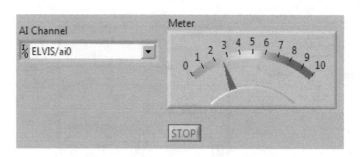

图 3-20　软件定时的单点模拟采集的前面板

4.测试程序

(1)用 ELVIS 的可变电源作为测试源信号。首先检查 ELVIS 和实验板的电源均已开启,然后通过 Windows 中的"开始"→"所有程序"→"National Instruments"→"NI ELVISmx for NI ELVIS & NI myDAQ"→"NI ELVISmx Instrument Launcher"打开如图 2-3 所示的 ELVIS 虚拟仪器软面板"NI ELVISmx Instrument Launcher",点击 VPS 打开如图 2-5 所示的可变电源软面板,勾选 Supply +下方的 Manual,将 ELVIS 的可变电源的正向输出变为手动调节,然后将 ELVIS 平台上右上方的旋钮调至最小(模拟输入通道最高输入电压为 10V,如果可变电源最大电压 12V 可能会损坏通道),然后点击软面板下方的 Run 按钮。

(2)在刚编写好的 LabVIEW 程序前面板上选择 AI Channel 为"Dev1/ai0"(如果在 MAX 中配置的设备名不是"Dev1",则选择其他相应的设备名),然后运行程序,同时手动调节 ELVIS 正向可变电源的控制旋钮使其逐渐增大(注意不要超过 10 V),观察测量的模拟输入值变化。

- 连续的硬件定时信号采集

1.硬件连线

将 ELVIS 实验板上的函数发生器 FGEN 端子连接至模拟输入信号(Analog Input Signals)的 AI 0+端子,将 AI 0-端子连接至 Ground 端子。

2.编程步骤

按图 3-21 创建连续采集的程序框图。

(1)打开一个空白 VI,将其保存为"连续采样.vi"。

(2)DAQmx 创建虚拟通道的多态选择器应选择"模拟输入"→"电压"。

(3)DAQmx 定时的多态选择器应选择"采样时钟",右击采样模式接线端,选择"创建"→"常量",并设置常量为连续采样。

(4)DAQmx 读取的多态选择器应选择"模拟"→"单通道"→"多采样"

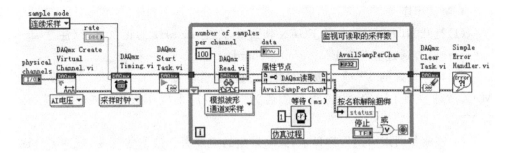

图 3 - 21   连续的硬件定时信号采集程序框图

→"波形"。

（5）DAQmx 读取属性节点（DAQmx Read Property Node）：该属性节点同样位于函数选板中的 DAQmx 子选板，可配置通道读取的属性。设置 DAQmx 读取属性节点为"状态"→"每通道可用采样"，并创建显示控件，用于显示当前内存中每通道的剩余未读取采样样本。

（6）在循环内放置一个等待（ms）函数，其位于函数选板中的"编程"→"定时"，等待时间先设置为 1 ms，用以模拟将来可能在循环中对读取数据的处理等操作需要的时间（将来可以尝试调整具体的等待时间，观察每通道剩余未读取采样数量的变化，从而加深对数据采集中数据 FIFO 的理解）。

（7）"按名称解除捆绑"和"或函数"分别位于函数选板中"编程"下面的"簇、类和变体"以及"布尔"子选板。

3. 修改前面板

按图 3 - 22 排列前面板对象，注意波形显示控件选择使用波形图（Waveform Graph），并保存 VI。

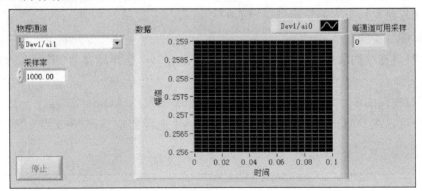

图 3 - 22   连续的硬件定时信号采集前面板

4.测试程序

(1)打开 NI ELVISmx 的 FGEN 软面板,产生 10 kHz 的正弦波形(注意 signal route 选择通过实验板 Prototyping board)。

(2)将编写好的 VI 前面板控件中的物理通道设置为"Dev1/ai0"(假设已在 MAX 软件中将 ELVIS 的逻辑名命名为"Dev1"),采样率设置为"100000",运行 VI。

(3)观察每通道可用采样显示,如果采集的速度大于读取的速度,缓冲区会逐步填满并最终溢出,观察降低采样率或增加循环等待时间的影响。

(4)将程序改为多通道采集程序:另存程序为"多通道连续采样.vi",仅将 DAQmx 读取的多态选择器改为"模拟"→"多通道"→"多采样"→"波形",其他部分不变。将前面板物理通道改写为"Dev1/AI 0:1",再运行程序,应该能同时观察到两条曲线,分别是 AI 0 和 AI 1 通道的输入信号(AI 1 信号没有连接实际物理信号,波形显示应该是杂波,可以同样将 FGEN 输出的信号连接至 AI 1 通道)。如果要进行更多通道的采集,例如采集通道 AI 0 至 AI 7 的信号,只需要简单地将物理通道设置为"Dev1/AI 0:7"即可,DAQmx 驱动会自动同步采集 8 个通道的数据。

注:采样率为单一通道每秒采样点数。

• 带触发的连续信号采集

使用数字触发信号启动连续采集任务。

1.硬件连线

将 ELVIS 实验板(Prototyping Board)上的函数发生器 FGEN 端子连接至模拟输入信号(Analog Input Signals)的 AI 0+端子,将 AI 0-端子连接至 Ground 端子。将 DIO 0 端子连接至 PFI 0 端子,以 PFI 0 作为模拟采集的数字触发线(选择下降沿触发),数字触发源就采用 DIO 0。

2.编程步骤

(1)将连续的硬件定时信号采集的"连续采样.vi"打开另存为"带触发的连续采样.vi"。

(2)按照图 3-23 修改原 VI,增加 DAQmx 触发(DAQmx Trigger.vi),该函数同样可以在 DAQmx 子选板中找到,多态 VI 选择器应选择"开始"→"数字边沿"。

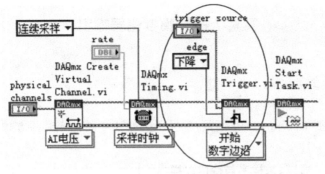

图 3 - 23 带触发的连续信号采集部分程序框图

3.测试程序

（1）设置前面板的物理通道为"Dev1/ai0"，采样率为"1000"，触发源为"Dev1/PFI0"。

（2）确保通过 ELVISmx 的 FGEN 软面板输出正弦信号作为待采集的信号（因为采样率为 1000，故可将波形信号设置为 100～200 Hz）。

（3）通过 NI ELVISmx Instrument Launcher 打开数字输出软面板 DigOut，按图 3 - 24 所示，将第 0 条线（即对应 DIO 0）设置为高电平"HI"，然后点击"Run"。

（4）运行编写好的 VI，因为程序等待的触发信号未到来，此时应该没有采集到任何波形。利用 ELVISmx 的数字输出软面板 DigOut 将 DIO 0 的输出电平设置为低电平"LO"，当连接 DIO 0 的 PFI 0 接收到了下降沿触发信号，VI 开始采集函数发生器 FGEN 输出的正弦信号。

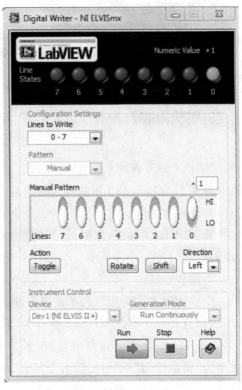

图 3 - 24 数字输出软面板 DigOut

实验 7－2　模拟信号输出

一、实验目的

1. 熟悉主要 DAQmx API 函数，掌握用缓冲区和硬件定时的方式连续输出模拟波形。

2. 理解模拟通道、采样率与待读取样本等概念。

二、实验设备

计算机一台，NI ELVIS Ⅱ 多功能虚拟仪器综合实验平台一套，LabVIEW软件。

三、实验内容与步骤

· 单点模拟输出

使用 DAQmx API 用软件定时的方式输出模拟信号。

1. 硬件连线

将 ELVIS 实验板（原型板）上的模拟信号输出的 AO 0 端子接模拟信号输入 AI 0＋端子，AI 0－端子接 Ground。

2. 编程步骤

创建如图 3－25 所示的单点模拟输出的程序框图和前面板。

（1）打开一个空白 VI，将其保存为"软件定时模拟输出. vi"。

（2）DAQmx 创建虚拟通道：在多态 VI 选择器中指定该 VI 创建的虚拟通道类型为"模拟输出"→"电压"，右击"DAQmx 创建虚拟通道"的"物理通道"接线端，选择"创建"→"输入控件"，控件命名为"physical channels"。

（3）DAQmx 开始任务：该 VI 执行之后才能启动模拟写入任务。

（4）While 循环：将 DAQmx 开始任务的错误输出接线端连接至 While 循环的左侧，右击隧道，选择"替换为移位寄存器"，在 While 循环的条件接线端创建"停止"控件。

（5）DAQmx 写入：通过多态 VI 选择器来选择"AnalogDBL 1Chan 1Samp"写

入的数据,其中"DBL"表示双精度浮点数,"1Chan 1Samp"表示单通道单个样本写入,将数据写入输出缓存中。右击"数据"输入接线端,选择"创建"→"输入控件",命名为"Output"。

(6)等待下一个整数倍毫秒:用该函数控制循环每隔 10 ms 执行一次,该函数可从函数选板的"编程"→"定时"中找到。

(7)DAQmx 清除任务(DAQmx Clear Task. vi):在清除之前,VI 将停止该任务,并在必要情况下释放任务占用的资源。

(8)简易错误处理器:程序出错时,该 VI 显示出错信息和出错位置,该函数可以从函数选板的"编程"→"对话框与用户界面"中找到。

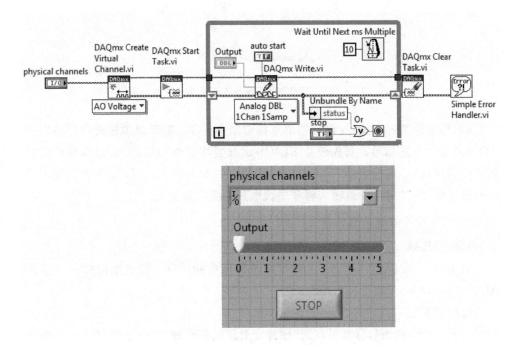

图 3-25 软件定时方式模拟输出的程序框图与前面板

3.测试程序

(1)用 ELVIS 的示波器软面板观察 AO 0 通道产生的信号。在刚准备好的 VI 前面板上设置"Dev1/ao0"作为物理通道(如果在 MAX 中配置的设备名不是"Dev1",则选择其他相应的设备名),运行 VI。用 ELVIS 自带的示波器软面板观察产生的电压,如图 3-26 所示。注意示波器软面板上的通道"Source"应设置为"AI 0",耦合方式应该设置为"DC"。模拟输出 VI 运行时可拖动滑块改变前面板上数值输入控件的值,观察相应的输出变化。注意此实验采用的是软件定时的方式,每次执行 DAQmx Write.vi 实际只是刷新一次输出。

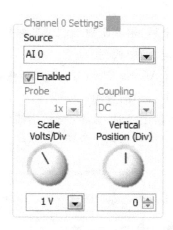

图 3-26 ELVIS 的示波器软面板部分设置

(2)用实验 7-1 中软件定时的单点模拟采集程序来验证模拟输出程序控制下 AO 0 通道产生的信号。首先停止 ELVIS 示波器软面板的运行,运行编写好的模拟输出程序,同时运行实验 7-1 中的软件定时的模拟输入程序,改变模拟输出程序的输出值,同时观察模拟输入程序中读取到的输入值变化。

• 硬件定时的连续模拟信号输出

1. 硬件连线

将 ELVIS 实验板(原型板)上的模拟信号输出的 AO 0 端子接模拟信号输入 AI 0+端子,AI 0−端子接 Ground。

2. 编程实现

打开一个空白 VI,将其保存为"硬件定时连续模拟输出.vi"。按图 3-27 编写硬件定时连续输出的前面板和程序框图。

其中"仿真信号 Express VI"的配置如图 3-28 所示,以产生一个 10 Hz 的三角波信号。

3. 测试程序

(1)运行编写好的硬件定时模拟输出 VI。

(2)通过 NI ELVIS 的示波器软面板观察由输入通道 AI 0 获取的 AO 0 输出的三角波模拟信号,在图 3-29 虚拟示波器软面板上设置适当的参数,显示出程序通过 AO 0 通道产生的波形。

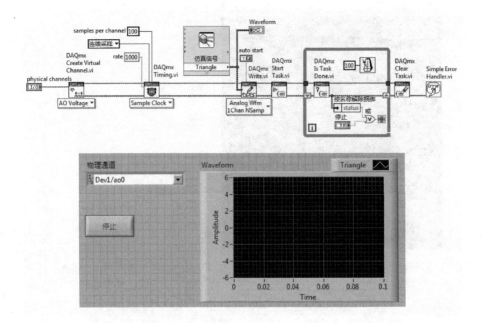

图 3 - 27　硬件定时的连续模拟信号输出程序框图与前面板

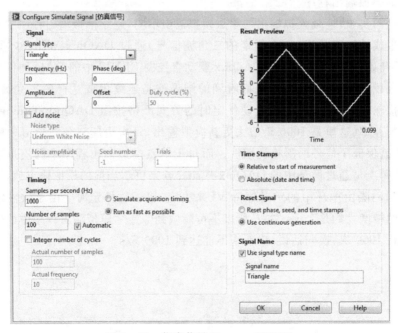

图 3 - 28　仿真信号 Express VI 配置

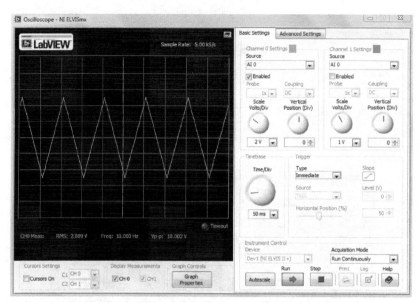

图 3 - 29　虚拟示波器显示 AO 0 通道产生的三角波

　　(3)尝试利用实验 7 - 1 中用 LabVIEW 编写的连续电压采集 VI 来查看波形,从而验证模拟输出程序。

　　对比两实验,连续模拟输出与单点模拟输出不同,连续模拟输出程序中是先把一段要生成的波形数据(一个周期的三角波信号)通过 DAQmx Write. vi 写入内存,然后开始 DAQ 任务,之后 DAQmx 驱动会控制 ELVIS 中的 DAQ 硬件从内存中读取这段信号并反复生成,从而看到的结果就是连续生成这样的三角波信号。对于模拟输出通道来说,会通过硬件定时的方式严格按照 DAQmx Timing. vi 设定的刷新速率(这里是 1000 S/s)去更新模拟输出,每次更新三角波信号中的一个点,这样就保证了信号的严格周期性。而对于单点模拟输出程序中的模拟输出程序而言,每次是通过循环中的 DAQmx Write. vi 来更新当前的模拟输出值,两次更新的时间间隔由循环中的定时等待 VI 来决定,属于软件定时。由于软件定时所能达到的精度大约是 1 ms 左右,所以不可能做到像连续模拟输出程序中严格的每秒钟刷新 1000 次,换句话说,更新率不能达到 1000 S/s。

第四章 综合与创新设计实验

综合与创新设计实验以电机控制为主,从电机转速、位置控制设计到应用背景下的垂直起降控制系统、倒立摆控制系统设计,包含了硬件检测控制电路设计、算法应用设计、LabVIEW 软件设计等知识的综合应用,注重控制理论的工程意义和工程实用性,培养学生自学能力、综合应用和独立创新设计能力。

实验一 直流电机转速控制设计

一、实验目的

1. 了解直流电机转速测量与控制的基本原理。
2. 掌握 LabVIEW 图形化编程方法,编写电机转速控制系统程序。
3. 熟悉 PID 参数对系统性能的影响,通过 PID 参数调整掌握 PID 控制原理。

二、实验设备与器件

计算机一台,NI ELVIS II 多功能虚拟仪器综合实验平台一套,LabVIEW 软件,万用表一个,12 V 直流电机一个,光电管一个,电阻若干,导线若干。

三、实验原理

直流电机转速测量与控制系统的基本原理是:通过调节直流电机的输入电压大小调节电机转速;利用光电管将电机转速转换为一定周期的光电脉冲、采样脉冲信号,获取脉冲周期,将脉冲的周期变换为脉冲频率,再将脉冲频率换算为电机转速;比较电机的测量转速与设定转速,将转速偏差信号送入 PID 控制器,由 PID 控制器输出控制电压,通过可变电源输出作为直流电机的输入电压,实现电机转速的控制。原理框图及电路图如图 4-1 及图 4-2 所示。

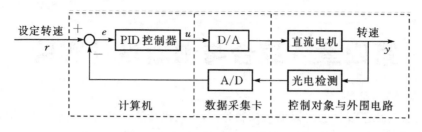

图 4-1　电机转速测量与控制原理框图

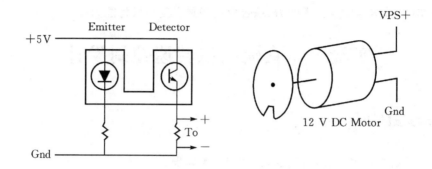

图 4-2　电机转速测量与控制硬件电路图

直流电机转速控制设计中需要特别考虑的问题：

1.电机启动的"死区"问题。电机刚上电时速度为 0,光电检测脉冲周期测量为 0,那么脉冲频率测量为无限大,该怎么办? 一个办法:设定转速的"虚拟下限"。

2.可变电源输出初始电压一定要调为 0,避免烧坏直流电机,还要避免电源短接。

3.需要设置合适参数值:PID 参数、转速下限、转速上限、可变电源的电压输出范围、数据采集的采样率等,而所有这些参数都需要根据所用的直流电机来考虑,低速电机与高速电机是完全不同的。

4.采样率(Sample Rate)的设置与待读取样本(Samples to Read)设置。连续采集中,要使 ELVIS 数据采集平台的 FIFO 缓存与计算机内存这两处缓存一直不溢出,必须保证 USB 总线的数据转移速率大于数据采集速率,同时程序必须尽快读取计算机内存中的数据。采样率设置一般建议为奈奎斯特频率的 10 倍或更高;待读取样本(Samples to Read)设置为采样率数值的 1/10 到 1/5。

5.PID 控制算法可利用 LabVIEW PID 工具包中现成 PID 函数,也可以自行设计。PID 参数调整采用试凑法。

四、实验内容与要求

1. 自学 LabVIEW 图形化设计软件,可利用 LabVIEW 帮助信息 (Ctrl＋H)、Lab-VIEW 范例查找器、参考书籍、网络资源。

2. 在实验板上搭建出电机转速光电检测电路。

3. 应用 LabVIEW 软件设计实现对直流电机转速的检测与 PID 控制。其中,要求利用 NI ELVIS Ⅱ 可变电源 VPS 驱动 12 V 直流电机旋转,通过改变电压来改变电机的转速。期望达到如图 4－3 所示的控制效果。

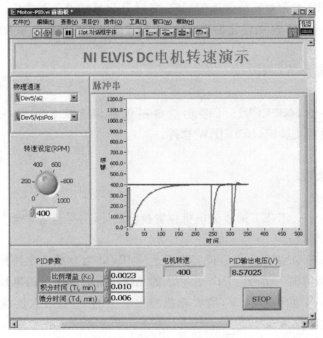

图 4－3　期望达到的控制效果

4. (选做)编写一个 LabVIEW 程序,对不同的电压分别测试电机转速,绘制出电压-转速曲线,再利用 LabVIEW 系统辨识工具包为马达建模。

五、思考题

如果已知马达最高转速为 600 r/min,采样率设置为 1 kS/s 够吗? 假如采样率为 1 kS/s,待读取样本为 100,每次采集到的波形时间为多长? 假如采样率为

1 kS/s,为了每次一屏显示为 1 s 的波形,待读取采样应该设置为多长?

实验二　直流电机位置控制设计

一、实验目的

1. 了解直流电机转角测量与控制的基本原理,熟悉 Quanser QNET 直流电机实验板动能模块。

2. 熟悉 PID 参数对系统性能的影响,掌握 PID 算法设计与验证。

3. 掌握 LabVIEW 图形化编程方法,编写直流电机位置控制系统程序。

二、实验设备与器件

计算机一台,NI ELVIS Ⅱ 多功能虚拟仪器综合实验平台一套,Quanser QNET 直流电机实验板,LabVIEW 软件。

三、实验原理

基于 Quanser QNET 的直流电机位置控制设计,主要包含 3 部分:电机驱动,位置测量,控制算法。

(1)Quanser QNET 直流电机实验板上的 PWM 功率放大电路用来直接驱动电机,放大电路的输入信号为 NI ELVIS 的 AO 0 通道所输出的电压信号。放大电路的最高输出电压为 24 V,最大峰值输出电流为 5 A,最大连续输出电流为 4 A,线性放大增益为 2.3 V/V。

(2)位置测量采用的是光电编码器。通过直流电机后部安装的一个高精度的光学正交编码器,在电机旋转时连续产生脉冲序列,每个脉冲对应于一个固定的旋转角度,因此只要对编码器产生的脉冲进行计数就可以知道电机的旋转角度(即位置)以及转速。可以通过 NI ELVIS 的 0 号计数器(CTR 0)的源(Source)通道对脉冲进行计数。

四、实验内容与要求

利用 Quanser QNET 直流电机实验板提供的电机旋转角度检测输入通道与

电机驱动输出通道,采用 PID 控制算法,应用 LabVIEW 编写出直流电机位置控制系统,实现对直流转动角度的监控。

实验三　垂直起降控制系统设计

一、实验目的

1. 了解直升机垂直起飞、降落和悬停等控制系统与飞行动力学的基本原理。
2. 熟悉传感器检测电路与电机驱动电路设计。
3. 熟悉 PID 参数对系统性能的影响,掌握 PID 算法设计与验证。
4. 掌握 LabVIEW 图形化编程方法,编写垂直起降控制系统程序。

二、实验设备与器件

计算机一台,NI ELVIS Ⅱ 多功能虚拟仪器综合实验平台一套,LabVIEW 软件,垂直起降模拟系统。

三、实验原理

如图 4-4 所示,垂直起降模拟系统是单自由度系统,可悬停和垂直升降,采用可变 PC 风扇来产生所需的上升力,模拟单自由度直升机飞行的能力。

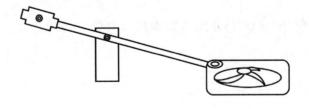

图 4-4　垂直起降模拟系统

四、实验内容与要求

1.学习直升机垂直起飞、降落和悬停等控制系统与飞行动力学的基本原理。

2.设计搭建电机驱动硬件电路,检测起降、悬停姿态的传感器测量电路。

3.利用 LabVIEW 控制与仿真工具包对系统进行辨识、建模、PID 算法设计与验证。

4.应用 LabVIEW 图形化编程,编写垂直起降控制系统程序,实现垂直起降自动监控和手动控制切换功能。

实验四　倒立摆控制系统设计

一、实验目的

1.了解倒立摆系统的基本原理与理论模型。

2.掌握 PWM 与光电编码器的原理及外围电路的设计。

3.掌握利用 LabVIEW 控制与仿真工具包对系统辨识、建模、算法设计与验证。

4.掌握 LabVIEW 图形化编程方法,编写倒立摆控制系统程序。

二、实验设备与器件

计算机一台,NI ELVIS Ⅱ多功能虚拟仪器综合实验平台一套,LabVIEW 软件。

三、实验原理

倒立摆是经典的控制理论对象,图 4-5 中显示由电机驱动的小车位移式倒立摆原理图。倒立摆是不稳定的,如果没有适当的控制力作用,它随时可能倾倒。通过电机驱动小车移动,控制倒立摆保持垂直竖立状态。这里只考虑二维问题,即倒立摆只在图中所示的平面内运动。设摆杆偏离垂直线角度为 θ,摆杆质量为 m,摆杆长度为 l,小车质量为 M,摆杆围绕其中心的转动惯量为 I,小车水平方向的作用

力为 F。

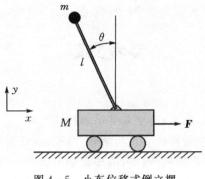

图 4 - 5　小车位移式倒立摆

四、实验内容与要求

1. 推导出倒立摆系统理论模型。

2. 设计搭建出 PWM 与外围硬件电路控制直流电机和利用光电编码器检测摆杆偏角电路。

3. 利用 LabVIEW 控制与仿真工具包对系统进行辨识、建模、算法设计与验证。

4. 应用 LabVIEW 图形化编程,编写出倒立摆控制系统程序,实现单极位移式倒立摆控制。

参考文献

1. 张爱民. 自动控制原理. 北京:清华大学出版社,2006.

2. 葛思擘,张爱民. 自动控制理论要点与解题. 西安:西安交通大学出版社,2006.

3. 程鹏. 自动控制原理实验教程. 西安:清华大学出版社,2008.

4. 陈新海. 控制系统设计. 北京:清华大学出版社,2008.

5. 自动控制原理实验教程. 西安唐都科技仪器公司.

6. 吴麒. 自动控制原理. 北京:清华大学出版社,1990.

7. 胡寿松. 自动控制原理. 北京:科学出版社,2001.

8. 谢克明. 自动控制原理. 北京:电子工业出版社,2007.

9. 周其杰. 自动控制原理. 广州:华南理工大学出版社,1989.

10. 于海生. 微型计算机控制技术. 北京:清华大学出版社,1999.

11. 龙华伟,顾永刚. LabVIEW8.2.1 与 DAQ 数据采集. 北京:清华大学出版社,2008.

12. 陈锡辉. LabVIEW 8.20 程序设计从入门到精通. 北京:清华大学出版社,2007.

13. NI ELVIS Ⅱ用户手册. NI 公司.

14. QUANSER QNET 用户手册. QUANSER 公司.